大型体育场建筑装饰装修工程研究

——以深圳市体育中心为例

深圳市体育中心运营管理有限公司
深圳市建筑装饰（集团）有限公司
组织编写

中国建筑工业出版社

图书在版编目（CIP）数据

大型体育场建筑装饰装修工程研究：以深圳市体育中心为例 / 深圳市体育中心运营管理有限公司，深圳市建筑装饰（集团）有限公司组织编写. -- 北京：中国建筑工业出版社，2024. 12. -- ISBN 978-7-112-30496-7

Ⅰ. TU245

中国国家版本馆CIP数据核字第2024SV8397号

本书探讨了大型体育场建筑的发展历史及其装饰装修工程的设计理念、材料选择、施工技术及其对周边环境的影响，旨在为未来体育场馆建设提供科学依据和实践指导。本书共分为8章，主要内容为：绪论；体育场装饰工程概览；体育场装饰工程项目管理；体育场装饰工程创新技术应用；体育场装饰工程质量通病及预防；深圳市体育中心装饰工程项目总结；大型体育场馆建设发展；社会评价与经验。本书可供装饰装修行业从业技术人员及在校学生选用。

责任编辑：杨　杰
责任校对：李美娜

大型体育场建筑装饰装修工程研究
——以深圳市体育中心为例

深圳市体育中心运营管理有限公司
深圳市建筑装饰（集团）有限公司　组织编写

*

中国建筑工业出版社出版、发行（北京海淀三里河路9号）
各地新华书店、建筑书店经销
北京点击世代文化传媒有限公司制版
建工社（河北）印刷有限公司印刷

*

开本：787毫米 × 1092毫米　1/16　印张：10　字数：199千字
2024年11月第一版　2024年11月第一次印刷
定价：**58.00**元

ISBN 978-7-112-30496-7
（43880）

本书编委会

主　编：衡　会　邓益鸿　王　刚

副主编：谭仁好　王　虎　戎　鑫

编　委：蔡锡理　张　拯　刘　婧　马　宁　林福荣
钟　萍　葛　荣　凌月娟　张连祥　杨嘉馨
温　馨　张艺婷　肖玉蓉　彭力佳　张玉婷
潘龙凤　张素琴　李会炎　钱超利　李　童
汤秀芳　黄伟佳　颜　慧　龚期胜　谢　婷
赵天策　袁如旭　姚　权　房　靖　王浩钧
郭　瑞　刘　帮　左修文　于　帅　李鹏程
彭德军　王文杰　苏士泽　郭剑华　杨　洋

前　言

随着大型体育赛事和全民健身活动的普及，体育场馆的建设需求不断增加。体育场建筑不仅需要满足观众的舒适性和安全性，还需具备良好的视觉效果和功能性。装饰装修工程在提升体育场馆整体形象、优化观赛体验以及延长建筑使用寿命方面起着关键作用。本书探讨了大型体育场建筑的发展历史及其装饰装修工程中的设计理念、材料选择、施工技术及其对周边环境的影响，旨在为未来体育场馆建设提供科学依据和实践指导。本书全篇内容素材均源自“深圳市体育中心二期装饰装修工程”项目，在此向所有为本书编制提供素材及帮助的人员致以诚挚的感谢。感谢深圳市体育中心项目各位领导的宝贵意见和指导，感谢各位项目管理人员对本书资料整理和影像收集工作作出的贡献，感谢编辑团队的辛勤工作和不懈努力，感谢所有提供支持和帮助的朋友们。希望本书的出版能为对体育场馆建筑装饰装修工程感兴趣的读者提供有益的参考和启示。

目　录

第1章

绪　论

1.1　研究背景

体育是社会发展和人类进步的重要标志，是综合国力和社会文明程度的重要体现。体育设施的建设是体育事业发展的基础，在提高人民身体素质、丰富人民精神文化生活、激励全国各族人民弘扬追求卓越及突破自我的精神、推动经济社会发展等各方面有着重要的意义。

1.1.1　深圳市体育中心基本情况

深圳市体育中心坐落于福田区笔架山下，东邻上步北路，北接泥岗西路，南靠笋岗路，大门面对东面。1993 年 6 月落成，总投资 1.41 亿元，建筑面积 41169m^2，场地面积 24892m^2，可容纳观众 32500 位，停放车辆约 2000 部，是一座全飘棚式的专业足球场馆，同时也是深圳著名的地标性建筑（图 1-1、图 1-2）。

图 1-1　深圳市体育中心鸟瞰图

深圳市体育中心体育场的看台观众席采用玻璃钢座椅，共设12个看台区，贵宾厅设电梯一部，看台观众疏散通道24人，东西面有两座疏散观众天桥分别连接上步北路，泥岗西路，1层有疏散道通道口5个，可供消防车辆出入及观众撤离，东西面另有3个工作人员及观众疏散口，场内备有300人会议室、运动员休息室、比赛配套用房、设备机房及办公区域。2层西面有两间贵宾厅，一间新闻发布室，从贵宾厅朝2层看台有两个（不包括3个主通道）消防疏散出口，3层为空调机房，4层为音响、灯光、屏幕显示机房、公安值班室、电视传播室及7间贵宾房。

深圳市体育中心体育场早在20世纪90年代就拥有世界一流的设施设备，主要情况如下：

（1）灯光：场地比赛灯光选用荷兰飞利浦公司最新式光源。其垂直照明度、水平照明度、显色指数、流明、眩光等各项指标均达到和超过国际照明学会规定。

（2）音响：选用美国JBL公司的全套音响，计6套系统（场地、观众席、回廊、场外、主席台、室内），同时配有背景音响。

（3）空调采用美国约克公司大型分体风冷式空调机15组。

（4）喷淋系统选用美国“雨鸟”牌自动喷灌系统，平时不需人管理，完全自动控制。

（5）闭路电视系统，选用日本三洋公司产品，监视25个区段，包括观众席，主席台及各出入口。

（6）计时系统选用国家体育总局昆明电子研究所产品（拟更换全套计时系统，政府已立项）。

（7）足球比赛场地选用当时世界公认的优良草籽结缀草。

（8）田径比赛用塑胶跑道覆盖面达18000m^2。

图1-2　深圳市体育中心历史风貌

1.1.2 深圳市体育中心装饰工程的重难点

1. 大堂区域高大空间施工

深圳市体育中心体育场入口大堂区域是来往人群众多之地，是给人第一印象尤为重要的地方，是通向各个区域公共空间的交通中心，其设计、布局以及所营造出的独特氛围，将直接影响深圳市体育中心的形象与其本身功能的发挥。体育场的2层、4层观众入口大堂均为大空间、高作业面，施工较困难，需要提前考虑可实行的施工方案，编制高大空间施工的专项方案，同时对高大空间施工直至完成最后饰面面层采用满堂脚手架安全措施。

2. 大面积石材排版铺贴

本项目如何控制石材排版、拼花接缝、通缝及黑缝，石材返碱、大板石材铺贴是本项目的重点及难点，必须严格按照最高标准施工工艺，严格采用卡片定位式施工工艺，结合我司以往同类型的高档装修项目经验进行施工及验收，石材铺贴效果的保证是本项目施工质量的关键。

3. 湿区作业防排水施工质量

体育场内卫生间数量多位置分散不集中，特殊防护要求高，后期投入运营后使用量频繁，因此在整体施工观念上应给予高度重视。针对本项目洗手间防水不仅要提高防水技术重要性的认识，更要真正地把防水工程作为施工的重点来看待。综合考虑防水工程的技术和造价，从根本上注重使用功能的提高。

4. 安全文明施工施工措施

体育场地处福田中心区，是深圳市政府为建设高水平、国际化、举行大型体育赛事而投资建设的重点体育项目，因此社会关注度很高，对工程安全文明施工高度重视。项目周围住宅、生活区聚集，施工对噪声和粉尘控制要求标准高，不应影响邻近社区的正常教学与生活、工作秩序。依据本工程的重要性和周围地理环境，这就对本工程粉尘、噪声、建筑垃圾、材料运输、施工场地安全文明管理等环境因素控制提出了很高的要求。

5. 工期进度管控

项目主体部分还处于施工状态，外幕墙未封闭，现场道路较窄，材料运输较为不便，由于本项目要求工期紧，施工内容多，根据进度计划安排，精装修施工存在装饰与土建二构同时进行的情况，因此须确保土建二构未退场情况下，保证进度。

6. 已完工施工内容的成品保护

针对本项目装修工程流水施工、各工种各工序的交叉作业、施工作业层面广等特点，加强成品、半成品保护，是体现现场管理、文明施工、避免不必要的损失、减少返工概率、

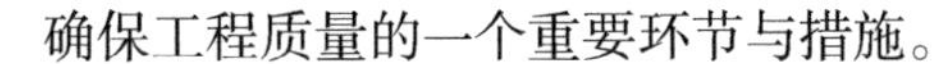

确保工程质量的一个重要环节与措施。

7. 创优及质量控制

本项目是政府重点工程，对工程质量和工艺要求高。本项目对绿色建筑、装配式建筑、创优等要求较高，须针对性地进行策划，完成创优及质量目标。

1.2 研究目的和研究意义

1.2.1 研究目的

本次研究的主要目的在于深入探讨大型体育场装饰工程的设计与实施，以深圳市体育中心为具体案例进行详细研究。具体的研究目标如下：

（1）分析大型体育场建筑装饰工程的设计原则和施工方案，深入了解深圳市体育中心的具体案例。

大型体育场建筑装饰工程的设计与施工需要考虑多重因素，包括建筑风格、材料选择、文化元素融入等。本研究旨在通过深入分析深圳市体育中心装饰工程，总结其中的设计原则和施工方案，为同类装饰工程提供设计和施工经验。

（2）分析深圳市体育中心装饰工程的设计理念。

本研究将深入探讨深圳市体育中心装饰装修工程的设计理念，包括建筑风格、文化内涵、体育设施和配套设备的选用，以及与城市环境融合的设计考量。通过对设计理念的深入分析，可以了解设计师在体育中心建设中的创意和构思，以及如何满足不同体育赛事和文化活动的需求。

（3）探讨深圳市体育中心装饰工程的施工过程。

本研究将深入探讨深圳市体育中心装饰装修工程的施工过程，包括项目在工程管理、材料采购、施工技术等方面的内容。通过对施工过程的探讨，可以了解工程的实际执行情况，包括进度控制、质量管理和成本控制等方面的挑战与解决方案。

（4）分析深圳市体育中心装饰装修工程的运营管理。

本研究将研究深圳市体育中心装饰装修工程的运营管理，包括设施维护、活动安排、安全管理等方面的内容。通过对运营管理的分析，可以了解体育中心如何保持设施的可持续性，以及如何满足不同类型活动的需求。

1.2.2 研究意义

深圳市体育中心装饰工程作为一项大型体育场建筑的装饰工程，在城市发展和文化建设中具有重要的研究意义。本研究的意义在于：

1. 建筑与设计理论的丰富

深圳市体育中心装饰工程作为一个大型民生公共建筑项目，其设计和装饰方案涉及多领域的知识和技术。通过深入研究这一项目，可以为建筑与设计理论提供新的案例研究，丰富相关理论体系。例如，可以探讨现代建筑在融合多元文化和功能需求时的设计原则，为建筑师和设计师提供启示和指导。

2. 可持续建筑与环保理念的探索

随着全球可持续发展的重要性日益凸显，建筑业面临着减少能源消耗和环境影响的压力。深圳市体育中心装饰装修工程的研究可以探索绿色建筑和环保设计的实践，为可持续建筑领域提供经验教训。这对于建筑行业的未来发展和可持续性建筑的推广具有重要的理论意义。

3. 城市发展和文化建设的推动

深圳市体育中心不仅仅是一座建筑物，更是深圳市的城市名片。通过研究其装饰装修工程,可以为其他城市规划和文化建设提供宝贵的经验。这有助于推动城市的发展，提高城市形象，吸引更多的文化和体育活动。

4. 体育赛事和文化活动的提升

体育中心作为主要场馆，直接影响体育赛事和文化活动的品质。通过研究装饰装修工程，可以为未来的赛事和活动提供更好的场馆和设施，提高观众和参与者的体验，促进体育和文化事业的繁荣。

5. 经济效益和社会影响的增强

深圳市体育中心的建设和装修工程将带来直接和间接的经济效益，包括就业机会、旅游收入、商业发展等方面。此外，文化和体育活动也将提高市民的生活质量，增强社会凝聚力。通过研究装修工程，可以更好地理解其在经济和社会方面的影响，为政府和企业的决策提供依据。

1.3 国内外研究综述

1.3.1 国外研究现状

1. 国外体育场建筑研究现状

体育建筑的设计研究历史悠久，最早的是古希腊、罗马的竞技场设计。然而，从近代才开始进行对体育建筑理论、形态、结构技术、材料、场地等方面的研究。欧美地区较早开始体育场馆的建设，其理念和技术相对成熟，很多国外设计充分兼顾了建筑和环境的融洽，设计和技术水平上造诣颇高。然而，体育场馆与环境融洽性的理论成就很少，已出版的大多存在于大师事务所的作品描述中。国内的译著主要有奈尔维的《建筑的技术与艺术》，以罗马小体育宫为例阐述了体育建筑结构选型与艺术表现的高度契合；科特·希格尔的《现代建筑的结构与造型》，主要阐述了现代体育建筑的结构与特性表达。除书籍外，跟体育建筑相关的专业性期刊论文不多，综合类建筑期刊像《Architectural Review》《A+U》等杂志较多。在体育建筑的策划及运营方面,艾伦·穆尔如尼、彼得·法码、罗伯特·阿蒙的《体育设施规划与管理》一书阐述了体育场馆及设施的建筑策划与运营管理，也谈及规划及功能结构等，对体育建筑的前期策划意义重大。有关体育建筑和城市之间联系的主要书籍为，格蕾丝·葛兰顿和兰·亨利的《城市里的体育》，讲述如何利用体育设施及赛事来发展城市；威尔伯·理查的《体育设施的经济与政策》则关注竞技体育和场馆设施与经济政策的联系。

2. 国外体育建筑地域适应性研究现状

建筑的在地性是建筑活力的主要标志，根植于地域的物质空间和文化环境中。赖特说，建筑的活力应展现“今天这里更生动的人类状况”。因而对地域性的研究，从来备受青睐。

楚尼斯、勒费夫尔在《批判性地域主义——全球化世界中的建筑及其特性》中，总结了当代混凝土建筑的批判性地域主义探索。批判性地域主义建筑是在特殊的地域自然、地域文化和合适的经济技术下修建的。克里斯托弗亚历山大在《建筑模式语言》一书的“生成语法”中，提出地域建筑根据地域特征生成，不需特意设计处理，并强调了建筑文化的地位。

从国外体育建筑的地域实践看，20 世纪 80 年代以来，随着技术的发展，体育建筑的实践呈现以国际化为主、多元化并存的情形，对传统文化的批判性继承成为新生力量。

在体育场馆的地域文化和传统文化表达方面，索健的《日本当代大空间建筑形态的地域文化表征》讲述了日本当代大空间建筑的地域文化表征,其中包括体育建筑。国外现当代众多优秀的体育建筑中，均展现了与时代特性、民族风情及传统建筑的融合。

在 2002 年世界杯韩国赛场的 10 个场馆中，或模仿民族传统的符号（纸扇、风筝、帆船等）；或基于传统建筑原型（稻草顶棚小屋）；或以机器美学体现了重工业性格等，都在形态结构方面体现了多样的地域人文特征。

Brenda · Vale & Robert（1996）认为建筑的地域性还包括建筑与生态环境的关系。近年新的设计思想、设计手法已经部分出现在绿色、生态等建筑中。Sim 等（1996）对可持续、节能、资源利用等技术的发展主要在提高外围护性能、运用自然光和风、循环用水、利用可再生能源等方面。欧美国家在绿色建筑理论方向的研究开始的比较早，并且政府也实行了一系列措施来鼓励绿色建筑的研究。美国政府采用财政补偿等方式来降低使用太阳能技术的成本；英国计划在2050年成为低碳经济国家。《托马斯·赫尔佐格——建筑＋技术》中详述了在设计中采用合理的形式和被动式手段来适应自然。《太阳辐射·风·自然光：建筑设计策略》中应用被动式技术来利用光风热，描述了建筑组团、单体、构件方面的策略。《设计结合气候：建筑地方主义的生物气候研究》中，则首次提出“基于生物气候的建筑地域性”的理念。

3. 国外体育场景观研究现状

马俊（2006）通过对人类体育发展史的研究，认为人类体育发展史最早可追溯到公元前世纪的古埃及，根据普塔赫台普墓中的浮雕以及葬祭殿中的浮雕所呈现的内容，当时角力和击剑已经在埃及盛行。公元前世纪，在古希腊出现了赛战车、掷铁饼、赛跑、射箭等众多竞技活动，并在之后的一个世纪中，举行过多次古代奥林匹克运动会。古希腊人认为，只有在自然环境中进行体育锻炼，对人的智慧和身体发育才能产生有益的作用和影响。根据史料，在公元前776年举行的古代奥林匹克运动会就是在古希腊宙斯神殿外举行的，经过多届古奥运会的举办，活动设施在宙斯神殿外围逐渐形成系统的服务体系。此时，古希腊的雅典城的4个大的体育场都设在郊外，它们被描述的如同花园一般。根据格洛霍夫在其著作《世界公园》中的阐述，无论是在莱基亚，还是在埃利斯，体育场馆的建设均与其周围环境密切相连，布置在公园或者花园中。

美国的景观设计提倡使用功能的合理性，生态效益与经济效益的最优化搭配，以及追求高质量的艺术水准，在形式上以自由的平面代替繁琐的图案，不再刻意追求对称，形成简洁明快的风格，成为当代各种景观风格的发扬地。美国众多的城市公园，成为人与自然交流的重要场所。美国亚特兰大百年奥林匹克公园，均构建了自然要素与人工构筑物相协调的体育场馆室外景观，是一个利用率较高的室外场所。

澳大利亚景观的最大特点在于对环境的可持续性发展，这一点在悉尼奥运会体育场馆室外景观中有很好的体现。在场馆室外景观设计过程中，水资源被作为一个整体的系统来考虑，雨水收集、污水处理等很好地构建了景观生态，同时还保护了自然生态，并提出绿色运动会的概念，成功地将这块被严重污染的、荒弃的土地转变成一个能够容纳各种体育文化活动的大型公共场所。而其中的奥林匹克公园以及千年公园成为了解决赛后低利用率问题的优秀案例，也成为2008年北京奥运会场馆及公园建设的参考标准。

1.3.2 国内研究现状

1. 国内体育场涉及研究综述

中华人民共和国成立后，体育建筑的发展分为五个时期：初创时期（1949～1966年）、曲折发展时期（1966～1976年）、改革开放时期（1976～1990年）、全面发展时期（1990～2000年）、走向新世纪时期（2000年至今）。经济飞速增长和新型材料技术的广泛使用、密切的国际交流，促使体育建筑设计持续创新，往可持续方向发展。

华南理工大学邹林的《我国中小型体育馆的设计策略与方法》（2011）阐述了中小型体育馆发展的提升设计策略，其中包含：正确的建筑价值观、科学选址定位、总体策划、合理形象、适宜结构、新材料技术及可持续发展。岳乃华（2015）阐述并改进了中小城市体育中心设计策略，探讨了其规模和功能的定位，主要解决了中小城市全民健身的需求问题以及空间高效与效益失衡的矛盾。

2. 国内体育建筑地域适应性研究

国内对全球化交流与地域性表现进行了大量研究。对于建筑的全球化潮流探讨、文化交流等，主要研究为：郑时龄的《全球化影响下的中国城市与建筑》、邹德农等的《中国地域性建筑的成就、局限和前瞻》，都收集整理了我国地域性建筑创作。

关于建筑全球化与地域性关系方面，《整体地区建筑》在浪漫地域主义、形式符号的地域性复辟以及批判的地域性等研究之上，提出开放、批判、综合性的"整体地区建筑"理论及三个文化轴心。在建筑地域性的理论与方法方面，《山地城市设计的地域适应性理论与方法》在适应性思维的指导下，文章通过分析山地城市地域性影响因素和山地城市设计要素，基于适应地形、环境、文脉，将山地城市设计方法总结为"顺、用、改，防、调、解，保、承、扬"，把地域适应性与山地城市设计良好结合，并为本文方法论提供借鉴。

目前对于体育建筑地域适应性设计方法研究方面，《基于低能耗目标的严寒地区体育馆建筑设计研究》（2014）经过分析、模拟和实测，对以低能耗为目标的严寒地区体育馆建筑探究，主要侧重于适温设计、适光设计、适风设计与耦合设计来建构设计研究的框架，对本文的物理性能适候方面提供借鉴。《中小城市体育建筑设计策略——以丹东浪头体育中心三馆设计为例》中指出中小城市体育建筑要获得持续发展，必须走健康化发展之路，并在体育场馆选址、功能设计、形象塑造、结构材料选择方面阐述了中小城市体育建筑的可持续发展策略。李宝鑫、王吴斌、张津奕、张智睛通过解析气候和地域，优化总体布局与体育中心设计，来满足适宜的风、光环境和雨洪管理。《基于气候因素制约的寒地体育场馆地域适应性设计研究》以寒地体育场馆为研究对象，将调查研究与设计实践相结合，从功能适需、形态适地、空间适候、技术适宜4个方面，通过对国内外案例的综合分析，探索寒地体育场馆地域适应性设计策略。《大型体育场馆动态适应性设计框架研究》分别从有机开放、多元灵活、适宜高效三方面，探讨了大型体育场馆动态适应性设计的理念与策略。王晓昉从空间构成元素视角，探讨了体育场适应山地自然、人文、技术的策略。《大跨体育建筑有效地域文本研究》建立了"有效地域文本"体系，从传播学的角度研究大跨体育建筑批判的地域现象与特征。

李丽华从寒地人群健身行为及需求的空间属性角度，对寒地体育馆内外空间方面提出了寒地体育馆季节性应变设计对策。

我国在被动节能适应性研究方面，在中华人民共和国成立之初就针对湿热地区气候提出“夏氏遮阳”，是包括遮阳、自然通风等技术的被动式综合设计。在《被动优先——华侨城体育文化中心绿色技术集成及运行效果后评估》（2011）一文中，强调“被动优先”，以首批获得国家绿色建筑标识三星建筑——深圳华侨城体育文化中心为例，从节地、节能、节水、节材、室内环境、施工、运营管理方面详细介绍了设计阶段技术的集成、优化及创新应用的过程。贾丽欣、李慧民基于全寿命周期的体育建筑可持续发展研究，对全寿命周期体育建筑的可持续发展策略进行了研究。

在建筑光环境方面，《体育馆顶界面自然采光优化及结构选型》（2012）对广州地区体育馆造型的自然采光适应性，以及体育馆垂直采光优化和结构选型进行了深入讨论。建筑风环境方面，《湿热地区体育馆与风压通风的协同机制及设计策略研究》（2011）运用 Fluent 软件模拟，从体育馆场地、形态、空间、界面方面深入探讨了体育馆与风压通风的协同机制及设计策略。本文运用此文的部分成果来完善体育馆的通风地域适应性策略研究。《体育馆建筑的风环境模拟研究》（2017），经过理论研究、CFD 软件模拟，研究芜湖县第二中学体育馆的风环境，以确定最佳朝向，并指导设计和节能。

建筑热环境方面，《基于运动热舒适的广州地区训练馆建筑适应性设计策略研究》采取了实地测试和问卷调查的形式，分季节对广州三个不同设计方式的训练馆进行调查。再运用 CFD 和 Airpak 对设计进行模拟与测评，寻找最佳方案和最优的运动热舒适条件。

在形式设计方面，《大空间公共建筑的被动式形态设计研究》为国内体育建筑的节能和被动形态适候设计提供依据，缩短了与国外的技术差距。段文婷在体育建筑的设计阶段运用 BIM 技术，研究建筑的形式、结构用钢量计算、材料使用的节约。

在主动式节能技术方面，彭永群提到，体育场馆的低碳排放与高效碳汇生态平衡模型的构建是以绿色人居理念为依据在节能、健康、安全、环保的前提条件下，通过节能技术、室内环境控制技术、智能化管理技术、场馆综合利用、植被碳汇技术等实现体育场馆的生态平衡。丘星宇通过介绍广州亚运某体育场馆改造项目的电气设计，论述如何把几项代表性的新型电气节能技术：光伏与建筑一体化技术、绿色照明节能技术以及绿色照明智能控制技术、建筑设备节能监控技术，应用到实际中。

邢永杰（2011）认为可再生能源利用方面，以奥运建筑为标杆，其通过太阳能光伏电站、太阳能集热系统、太阳能照明系统、地热利用、天然气热电（冷）联供系统等保证建筑物电力、空调、照明等的需要。

资源利用方面，潘孝辉、方火明根据体育场项目的用水需求，将雨水循环利用，用作景观灌溉及广场、道路浇洒，阐述了该雨水回用系统的设计方式和良好效益。

我国对体育场馆赛后运营管理方面有一定的研究。运营管理方面，为了适应城市发展，体育建筑的适应性设计策略应更多元高效，即复合功能，集约空间和开放建设。肖辉、刘洪燕总结了适应城市发展的大型体育建筑设计策略：基于城市发展的弹性规划、以运营为导向的“去赛事化”、以功能可持续出发的适应性设计、注重技术适宜性的选型设计。孙宏亮通过对中外奥运会体育馆设计与运营情况进行横向与纵向的穿插比较，探索用设计手段更好地满足赛时设计与赛后利用的要求。王金升总结了中小城市体育场馆赛后利用的方法——选址定位、总体设计、建筑设计和经营管理的方法。

综上所述，我国体育建筑设计，在整体策划、布局及外部空间设计、空间形态及物理性能、形式及技术、后期运营等方面，经验丰富且成就显著。这些成果为我国体育建筑地域适应性设计体系奠定了坚实基础。

1.3.3 国内外体育场案例

1. 国内体育场案例

杭州奥体中心：杭州奥体中心包括了一个可容纳 8 万人的主体育场，一座 18000 人的主体育馆，同时还拥有网球中心、游泳馆、棒垒中心、曲棍球场、小球中心、室内田径中心和重竞技中心等场地，可举办世界性、洲际性、全国性综合运动会及国际田径、足球比赛，拥有观众固定座席 8 万个，是全国最大的体育中心之一。杭州奥体中心的主体育场造型酷似一朵盛开的白莲花，主体结构为钢结构表皮和混凝土看台的组合体（图 1-3）。

图 1-3　杭州奥体中心

上汽浦东足球场：上汽浦东足球场建设初衷是为上海提供一座球迷观赛和球员比赛体验俱佳的国际高水平足球场。而项目用地仅 10 万 m^2，业主要求设置一个主场馆和两个室外训练场，这一苛刻的规划条件使得设计团队必须“寸土必争”。

足球场整体沿南北向布置（北偏西 15°），主球场西侧设置两片室外训练场，形成中轴方正、平整对称的格局，仪式感入场氛围由此而生。北侧靠近锦绣东路设置绿化入口广场，作为赛时大量人流的缓冲空间。沿足球场外圈设车行环路，合理设置交通流线及出入口，做到人车分流、流线导向明确、组织有序，提高使用效率（图 1-4、图 1-5）。

图 1-4 上汽浦东足球场（室外）

图 1-5 上汽浦东足球场（室内）

2. 国外体育场案例

温布利体育场：温布利体育场是位于英国伦敦的一座足球场，是英格兰代表队的主场，同时也承办英格兰国内各项比赛的决赛。最早建于 1923 年，于 2007 年重建，被公认为是全世界上最伟大的球场之一。

温布利体育场于 2007 年建成，耗资达 7.8 亿英镑的新温布利是一座现代化的高科技球场，拥有 9 万个座位，有可以浮动关闭的顶棚，是全世界最大的可封顶式体育场。新温布利是欧足联五星级足球场，承办各类顶级赛事。温布利体育场给人印象最深刻的地方是一座高达 133m 的拱门，拱门总长度为 315m，为世界上最长的单跨屋顶结构建筑。温布利拱门有很好的照明效果，在夜里就像一座美丽的彩虹，而且正好可以和不远处的伦敦眼遥相辉映。在新温布利建成之前，旧的温布利球场顶棚由拱柱支撑，这对顶层球场的球迷而言，观赛体验很差，试想透视效果下拱柱挡住了一大片区域，对于不想错过任何一个精彩瞬间的球迷来说是个极大的损失。而新温布利大球场采用独特的拱门设计，不仅为建筑增光添彩，最为关键的是，拱门下的拉索支撑起了北侧顶棚和 60% 的南侧顶棚，拱柱不复存在，这可以说是一个匠心独具的设计。此外温布利球场的另一大特点便是可以关闭的顶棚，极佳地解决了雨天雪天等非正常天气下比赛不能良好进行的问题（图 1-6）。

图 1-6　温布利体育场

埃斯塔迪奥 · 奇瓦斯体育场：埃斯塔迪奥 · 奇瓦斯体育场位于墨西哥的瓜达拉哈拉，好似一座正在喷发的火山，白色的膜结构则像是火山喷出的环状烟雾。这并不是一种建筑失误，建筑师吉恩 · 玛丽 · 马萨德和丹尼尔 · 普泽正是从周围的地形中获得灵感。体育场的停车场隐藏在“火山”下，不举行比赛的时候，这座体育场可充当一个公共休闲娱乐区（图 1-7）。

图 1-7 埃斯塔迪奥·奇瓦斯体育场

1.4 研究内容和研究方法

1.4.1 研究内容

设计理念与建筑风格：我们将深入研究深圳市体育中心装饰装修工程的设计理念和建筑风格，包括建筑师的设计愿景、创新理念、材料选择、空间布局、装饰元素等方面。我们将探讨设计师如何在体育中心的装饰装修中反映城市文化和体育赛事的需求，以及如何通过建筑风格传达城市的特色和形象。

施工过程与工程管理：我们将研究深圳市体育中心装饰装修工程的施工过程和工程管理，包括工程规划、进度控制、质量管理、成本控制、材料采购、施工技术等方面的内容。我们将分析施工过程中可能遇到的挑战和问题，以及如何有效解决这些挑战，确保工程按计划顺利进行。

社会文化影响与城市发展：我们将探究深圳市体育中心装饰装修工程对社会文化和城市发展的影响，包括体育中心作为文化地标的影响、城市形象的提升、体育和文化事业的促进等方面。我们将分析工程对城市的社会、文化和经济层面产生的积极影响，以及如何推动城市的可持续发展。

1.4.2 研究方法

本研究将采用多种研究方法，包括文献分析法、案例分析法、访谈调研法和田野调研法、数据分析法等，以全面深入地探讨深圳市体育中心装饰装修工程。具体的研究内容包括但不限于以下几个方面：

文献分析法：通过对相关文献和建筑设计、装修工程、城市规划等领域的研究文献进行广泛综述，梳理已有的理论和实践成果，为研究提供理论基础和背景知识。

案例分析法：对深圳市体育中心装饰装修工程的案例进行详细分析，包括设计方案、施工过程、材料选用、装饰风格等方面。通过比较分析,识别出成功的经验和存在的问题。

访谈调研法:与深圳市体育中心的设计师、建设管理者、运营团队以及相关利益相关者进行访谈,获取他们在工程设计、施工和运营中的经验、观点和建议,以丰富研究内容。

田野调研法:实地考察深圳市体育中心,深入了解其建筑风格、装饰细节、设施运营情况等,获取一手资料,验证案例分析的结论。

数据分析法:对搜集到的数据进行定性和定量分析,通过统计方法、图表和模型等手段,整理和呈现研究结果,形成有关深圳市体育中心装饰装修工程的综合评价和建议。

第2章

体育场装饰工程概览

2.1 体育场装饰工程整体概况

2.1.1 装饰工程项目概况

1. 深圳市体育中心改造提升工程

深圳市体育中心改造提升工程项目主要内容包括：拆除体育馆并新建一个15000座席的综合体育馆，改造提升体育场整体功能，将原有的32500座席扩建至45000座席，并将其功能改造为专业足球场；新建一座副体育馆和一座副体育场，文化设施用房、主媒体中心等配套设施和室外工程；对现有的游泳跳水馆及网羽中心进行局部修缮（图2-1）。

图2-1 深圳市体育中心场馆分区图

深圳市体育中心装饰工程项目整体划分为两个区域，分别是体育馆及周边区域和体育场及周边区域，本次装饰工程的合同范围为体育场及周边区域。工程总体情况如下：

工程名称：深圳市体育中心改造提升项目（二期）装饰工程；

工程地点：深圳市福田区笋岗西路3001号；

业主名称：深圳市体育中心运营管理有限公司；

设计单位：深圳市杰恩创意设计股份有限公司；

监理单位：上海建科工程咨询有限公司。

项目基本情况：深圳市体育中心改造提升项目（二期）装饰工程总建筑面积为335767m^2，其中专业足球场的建筑结构类型为框架剪力墙搭配钢结构穹顶的结构体系，建筑防火等级为二级，建筑高度45.58m。

合同范围：本次深圳市体育中心装饰工程主要包括原专业足球场的改造翻新、新建体育场副场的室内精装修工程及原游泳馆地下负一负二层停车场、机房等功能设施用房区域的翻新装饰装修。

2. 装饰工程总体情况

深圳市体育中心改造提升项目（二期）装饰工程主要包含两个施工区域，一区为专业足球场内及周边配套用房，二区为新建体育场副场及周边区域。专业足球场为椭圆形平面，椭圆长轴长258m、短轴长200m，将本项目装饰工程施工区域按顶棚、墙面、地面、其他细部等几部分进行施工工艺的技术选型（图2-2）。

图2-2　深圳市体育中心体育场门厅公区效果图

顶棚装饰工程针对原建筑非吊顶区域的楼板顶棚，进行双层乳胶漆涂料喷涂翻新。室外与半室外防风雨棚采用基层CS60型龙骨体系搭配铝板装饰面通过专用勾搭连接件进行装饰面安装。在体育场大面积镂空吊顶区域采用 ϕ8 全牙螺杆吊筋搭配 C38 轻钢龙骨的基层体系安装铝方通格栅吊顶，并对吊顶内裸露顶棚进行无机涂料的统一喷涂。卫生间等遇水吊顶采用 600mm × 600mm 型铝扣板搭配 C38 型轻钢龙骨基层网架体系进行板块吊顶的安装（图 2-3）。

图 2-3　深圳市体育中心体育场外廊铝板吊顶效果图

墙面装饰工程的墙体施工均由本工程的总承包单位进行施工，装饰工程仅对墙体进行饰面施工。体育场门厅墙面采用天然大理石干挂工艺，将预先开槽的 25mm 厚的石材挂接由 50mm × 50mm × 5mm 厚角钢焊接形成的钢网架基层结构上，通过镀锌钢板预埋与原结构墙体紧固连接。公区除部分石材墙面外使用 1.5mm 厚装饰铝板通过卡槽固定的形式安装在由 40mm × 40mm × 4mm 的镀锌方钢形成的网架结构之上。卫生间等遇水墙面采用 15mm 厚 M15 水泥砂浆找平后，涂刷 5mm 厚瓷砖专用胶粘剂，面层粘贴 9mm 厚岩板或瓷砖进行装饰。VIP 包厢及休息室内墙面采用木饰面挂板或抗倍特板挂接在由 50mm × 50mm × 5mm 厚角钢焊接形成的钢网架基层结构上（图 2-4）。

图 2-4　深圳市体育中心 VIP 墙面挂板效果图

地面装饰工程包括了目前大型场馆建筑较多使用的所有类型，在体育场门厅及大堂公区部分采用50mm厚饰面石材薄贴工艺粘贴于15mm厚M15水泥砂浆找平层之上。卫生间等遇水墙面采用15mm厚M15水泥砂浆找平后，粘贴10mm厚饰面地砖。体育场内更衣室地面均采用25mm厚预制水磨石铺贴于M15水泥砂浆找平层上。新闻发布厅则采用了水泥自流平地面施工后再进行方格地毯铺贴的静音装饰地面。足球场入场区地面采用了13mm厚全塑胶硅PU搭配47mm厚C25细石混凝土进行装饰。

2.1.2 装饰工程组织管理

1. 深圳市体育中心装饰工程的目标管理

本工程是深圳市政府为建设高水平、国际化、举行大型体育赛事而投资建设的重点体育项目，为深圳市重点民生工程项目，因此社会关注度很高，体育中心对工程质量和工期要求高，安全文明施工高度重视。

工期目标：本项目拟定总工期为228d，计划开工日期为2023年11月30日，计划竣工日期为2024年7月15日。通过合理有效的施工组织设计，提高交叉作业效率，利用工场前端加工缩减现场施工二次加工时间，提高装配化施工效率等手段，在计划竣工日期前顺利完成竣工验收。

工程质量目标：该工程采用现有成熟装饰施工工艺搭配多元化装饰材料的组合方式，确保施工质量符合国家、广东省、深圳市现行有关法律、法规、规范和技术标准，符合设计文件、招标文件、合同文件所约定的技术要求和工程质量标准。当合同约定的质量要求与相关法律、法规、规范和技术标准产生矛盾时，均以较高要求为准。同时基于以上质量目标确保获得“中国建筑工程装饰奖”，配合总承包单位确保获得“广东省钢结构金奖”等。

安全文明管理目标：深圳市体育中心装饰工程应确保获得“广东省房屋市政工程安全生产文明施工示范工地”“全国AAA级安全文明标准化工地”。

维保目标：深圳市体育中心装饰工程质量保修期自工程竣工之日算起，遵守以下保修目标：屋面、有防水要求的卫生间或房间的防水工程为5年；电气管线工程、给水排水管道工程、设备安装工程为2年；装饰装修工程为3年；其余承包范围内的所有工程均为3年。

2. 深圳市体育中心装饰工程的组织架构

本项目的组织架构在公司总指挥和项目总指挥的领导下，本项目现场将建立以项目经理为核心的项目管理班子，实行项目经理负责制，技术总工负责整个工程技术质量管理，项目副经理负责项目管理体系在各分管部门间有效运行，具体组织架构及人员配置如图2-5所示。

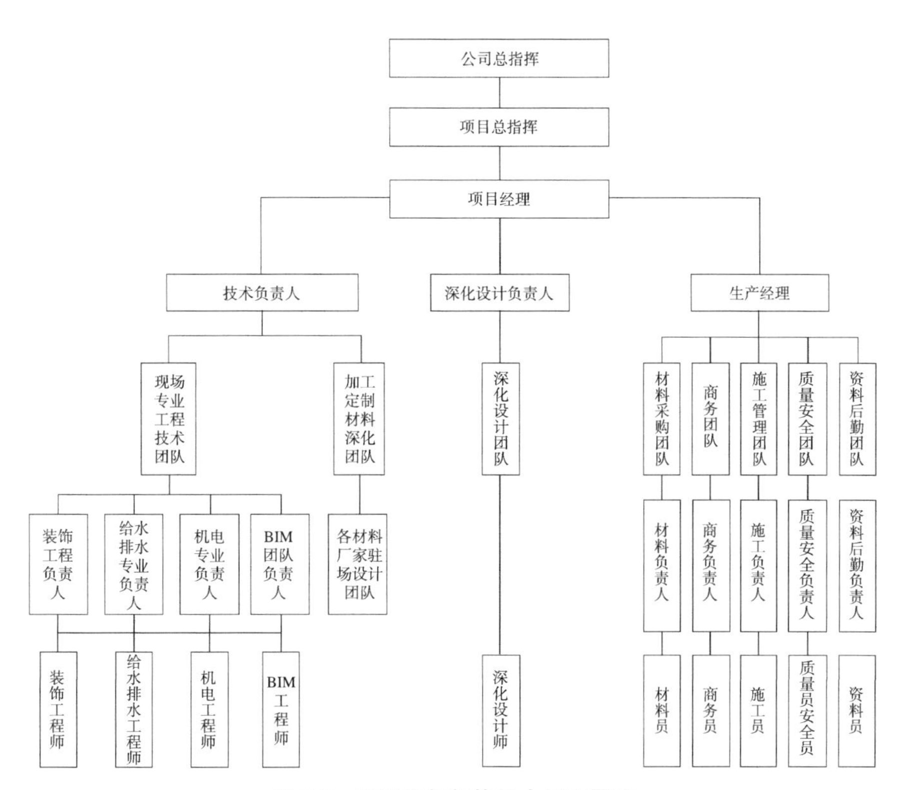

图 2-5　项目组织架构及人员配置图

深圳市体育中心装饰工程的组织架构遵循以实现实施项目所要求的工作任务为原则，简化机构缩短流程做到精干高效，项目管理系统由各子专业系统组成，各个子专业系统间存在大量结合部位。设置项目系统时以专业方面考虑划分部门、岗位、权利范围和人员，能够完成项目管理总体目标而实行合理分工和协作。

组织机构设立后，将根据工程计划具体抓四个环节工作：安全、质量、工期和成本的控制。为保证这些施工环节的落实，具体职责分工制度如下：项目总指挥负责全面协调公司所有资源保障项目实施；项目经理是公司法人代表对项目管理的代理人，是工程项目的第一责任人，主持项目部的日常工作，全面负责项目管理工作，对公司总经理负责；技术负责人是项目设计直接责任人，主持项目设计日常工作，全面负责项目设计的管理工作，对项目经理负责；生产经理是采购、生产加工的直接责任人，主持项目采购、生产加工、产品运输日常工作，全面负责项目采购、生产加工、产品运输的管理工作，对项目经理负责；各专业技术工程师负责公司各部门之间的技术支持和协调工作。

项目组织是企业组织中的一部分，项目组织由企业组建，二者是灵活多变的一体化关系，按照组织架构中的人员配置合理进行各部门之间的管理联动，有利于项目整体的管理。

2.2 体育场装饰工程项目编制依据

2.2.1 编制标准及规范

1. 编制依据说明

深圳市体育中心装饰工程应根据国家和地方有关验收规范规定、国家标准、地方标准及建设单位和设计要求，认真贯彻国家和地方有关本建设的各项方针、政策，遵守国家和地方的法律，严格执行施工程序和合同规定的工程竣工工期。实行施工、设计、建设单位、总包单位及其他分包单位相结合，做好施工部署，做好人力物力财力的综合平衡调配，做好雨期、冬期等特殊天气下的施工安排，力争均衡连续生产。坚持“百年大计，质量第一”，在安全生产的原则下，推行ISO标准化管理和实行安全生产责任制。充分利用现有机械设备，扩大机械化施工范围，减轻劳动强度，提高劳动生产率；使用计算机辅助工程项目实现质量、工期和造价的控制。积极利用国内外新技术、新工艺、新材料，科学地确定施工方案。

2. 编制依据的主要法律法规及技术标准规范

（1）主要法律法规

1）《中华人民共和国建筑法》国家第十一届主席令第46号；

2）《中华人民共和国安全生产法》国家主席令第70号；

3）《中华人民共和国环境保护法》国家主席令第22号；

4）《建筑工程质量管理条例》国务院令第279号；

5）《建设工程安全生产管理条例》国务院令第393号；

6）《安全生产许可证条例》国务院令第397号；

7）《危险性较大的分部分项工程安全管理规定》建设部令第37号令；

8）《危险性较大的分部分项工程安全管理办法》建办质〔2018〕31号文；

9）《广东省安全生产条例》广东省人大常委会第147号；

10）《深圳市建设工程现场文明施工检查评定标准》深建施〔1998〕41号；

11）《深圳市建设工程质量管理条例》深圳市人大常委会第83号；

12）《广东省住房和城乡建设厅关于房屋市政危险性较大的分部分项工程安全管理的实施细则》粤建规范〔2019〕2号。

（2）主要技术标准规范

1）《建筑工程施工质量验收统一标准》GB 50300；

2）《建筑装饰装修工程质量验收标准》GB 50210；

3）《建筑地面工程施工质量验收规范》GB 50209；

4）《建筑内部装修防火施工及验收规范》GB 50354；

5）《钢结构工程施工质量验收标准》GB 50205；

6）《民用建筑工程室内环境污染控制标准》GB 50325；

7）《建筑给水排水及采暖工程施工质量验收规范》GB 50242；

8）《室内装饰装修材料　人造板及其制品中甲醛释放限量》GB 18580；

9）《建筑电气工程施工质量验收规范》GB 50303；

10）《施工企业安全生产管理规范》GB 50656；

11）《施工脚手架通用规范》GB 55023；

12）《建设工程施工现场供用电安全规范》GB 50194；

13）《智能建筑工程施工规范》GB 50606；

14）《建设工程施工现场消防安全技术规范》GB 50720；

15）《通风与空调工程施工质量验收规范》GB 50243；

16）《建筑施工组织设计规范》GB/T 50502；

17）《综合布线系统工程验收规范》GB/T 50312；

18）《建筑施工安全检查标准》JGJ 59；

19）《施工现场临时用电安全技术规范》JGJ 46；

20）《建筑施工高处作业安全技术规范》JGJ 80；

21）《绿色建筑工程施工质量验收标准》SJG 67—2019。

（3）其他文件

1）深圳市体育中心改造提升工程项目（二期）装饰工程施工合同；

2）深圳市体育中心改造提升工程项目（二期）装饰工程设计说明；

3）深圳市体育中心改造提升工程项目（二期）装饰工程设计图纸；

4）业主、总包对工期、质量、安全的要求。

2.2.2 工程资料

工程资料是整个工程项目过程管理证明的一个重要组成部分，也是深圳市体育中心装饰工程管理体系中的重要组成部分。它记述和反映着工程施工技术科研等活动，具有保存价值并且按照一定的档案制度，作为真实的历史记录集中保管的技术文件资料。

按照一定的原则和要求，系统地收集记述工程建设全过程中具有保存价值的技术文件资料，并按归档制度管理，以便工程竣工验收后完整地移交给有关技术档案管理部门。

1. 工程资料管理的目的

工程资料管理的目的是翔实记录施工管理各个环节的具体运行状况，不仅体现项目团队的综合管理能力，也代表着管理团队所属企业的社会形象，作为施工企业应积极与业主及各配合单位一同对工作情况的描述进行记录并确认，工程资料也是施工工序、施工工艺、工法的证明依据，工程竣工后，通过工程资料能够准确了解施工中曾发生的工艺工序的相关原始记录。同时本项目的工程资料也是本装饰工程申报“中国建筑工程装饰奖”及深圳市文明安全工地的重要组成部分。

2. 技术资料保密管理

本项目的管理团队严格遵守业主对资料的保密要求，对所有有关本装饰工程的技术资料包括文件、图纸、规范等，均不用于本装饰工程以外的地方。未经业主的书面同意，禁止复印图纸和向第三方扩散。待工程竣工后交回全部图纸及相应设计文件。深圳市体育中心装饰工程的专业承包单位人员，凡因为工作职责而必须知悉保密资料的，均承担相应的保密责任，不得泄露给第三方知悉。

3. 工程资料的具体管理措施

本工程施工资料的管理实行技术负责人负责制，项目配备专职资料员，负责施工资料的日常管理、收发及存档工作。工程资料应与施工进度保持同步，按专业归类，认真书写，做到字迹清楚，项目齐全、准确、真实，无未了事项。

本工程统一采用当地市地方性标准所附表格或按照业主的其他要求，以规范的电子文件和书面文件记录本装饰工程施工各环节的运行情况，项目管理团队对本装饰工程整个施工资料的真实性和完整性负责。

建立资料管理考评制度，由项目经理定期、不定期对本装饰工程施工资料管理情况进行检查。要求本装饰工程资料员对资料的管理做到准确、全面、及时。施工单位工程部也将对项目施工资料的管理进行监督检查。本工程竣工后，将资料完整、准确地整理成册，根据城建档案管及业主需要，提交竣工资料。

4. 资料收集、整理、归档

本装饰工程资料过程收集将按公司资料管理方面统一要求（项目文件和资料收档分类表）进行资料的收集、整理，等工程竣工后按照国家和地方性标准将资料进行归档、装订，本装饰工程竣工后，竣工工程验收以国家现行颁发的行业施工验收规范、质量检验标准及施工图为验收依据。竣工验收后，按国家及地方性标准或按照其他要求向城建档案馆、业主等单位提供工程全套完整施工纪要资料、隐蔽工程及分部分项工程检验资料、材料检测报告、合格证，以及权威部门所做的试验、测试报告并包括电子版资料。

5. 工程竣工图

在本装饰工程实际施工中可能对设计图纸作适当调整，在施工过程中材料、施工方式有所变更，除了在施工过程中详细做好施工及变更手续外，竣工后，还须绘制齐工程竣工图，把变更、调整等因素完整地反映到竣工图中。工程竣工图是验收、决算的依据，是业主存档的文件之一，在编制过程中，施工单位应组织专业设计师全面、真实地反映工程的实际情况。工程竣工后将提交正式的竣工图给业主自用，并按国家及当地市地方规定提交竣工图纸。

2.3　体育场装饰工程效果展示

2.3.1　整体装饰效果

深圳市体育中心是一座融合了竞技体育、休闲健身、商务办公、会展演出、集会庆典等复合功能的城市地标建筑，对深圳湾区的长期发展起着重要的引擎作用。本次体育场的装饰工程在经过设计团队与业主代表的多轮沟通与实地调研中，最终形成一套兼具场馆功能改造与形象亮化的装饰方案效果（图 2-6）。

图 2-6　深圳市体育中心整体装饰效果图

2.3.2　局部装饰效果

深圳市体育中心各区域装饰效果如图 2-7 ~ 图 2-22 所示。

图 2-7　体育场 4 层观众入口大堂效果图

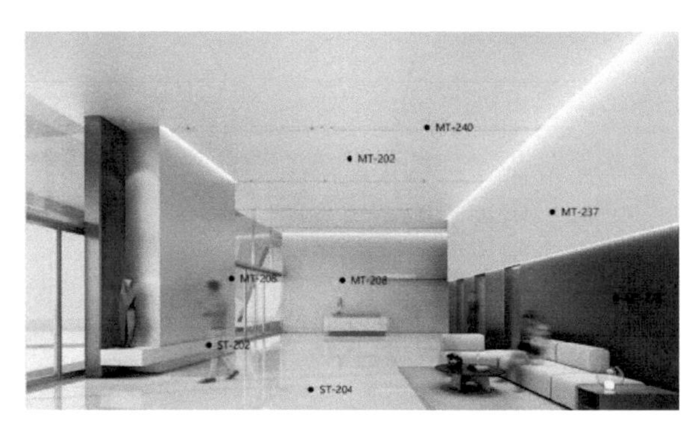

图 2-8　体育场 1 层 VIP 入口大厅效果图

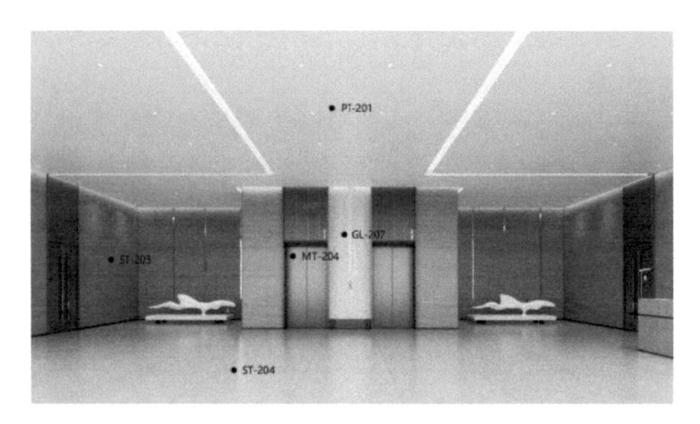

图 2-9　体育场 1 层 VIP 门厅效果图

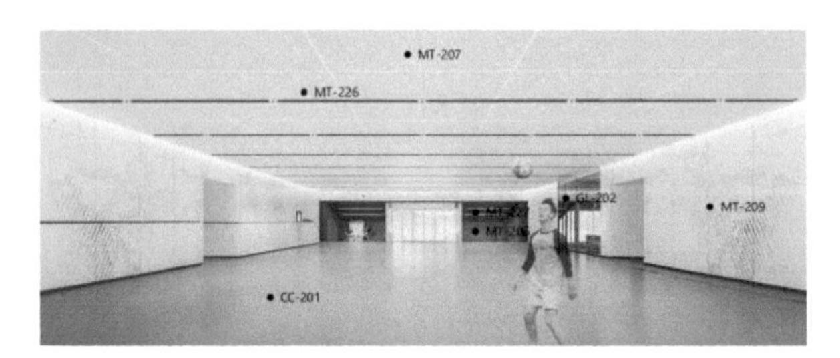

图 2-10　体育场 1 层运动门厅效果图

图 2-11　体育场 3 层公共区域走道效果图（1）

图 2-12　体育场 3 层公共区域走道效果图（2）

图 2-13　体育场运动员更衣室效果图

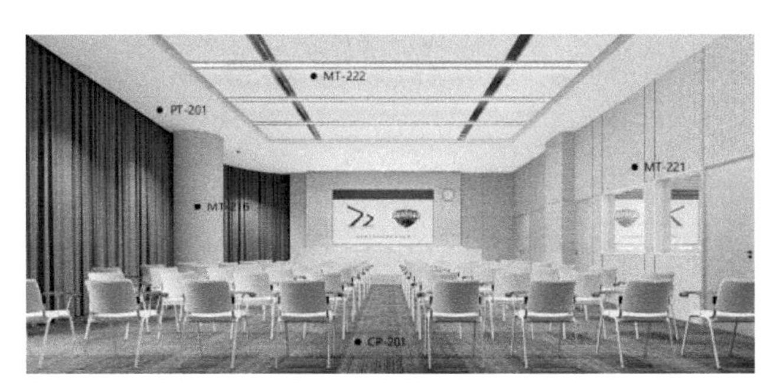

图 2-14　体育场新闻发布厅效果图

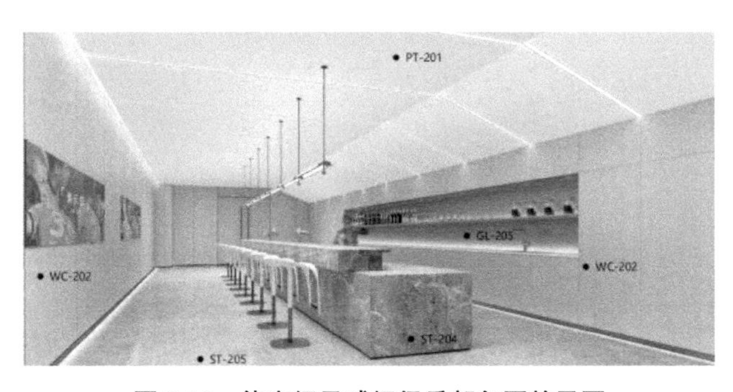

图 2-15　体育场足球场俱乐部包厢效果图

图 2-16　体育场 VIP 休息厅效果图

图 2-17　体育场 3 层主席包厢效果图

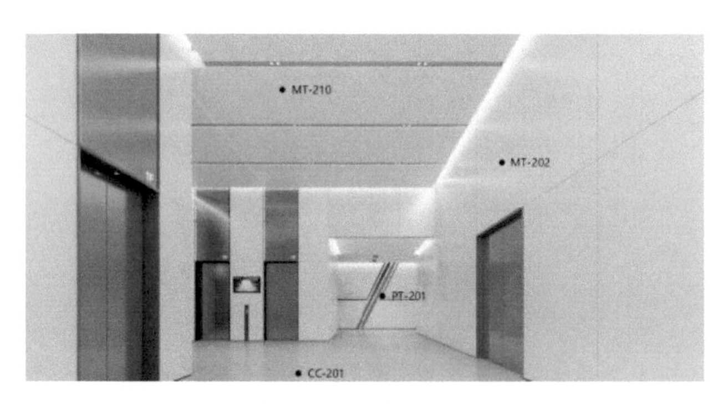

图 2-18　体育场 1 层媒体休息厅效果图

图 2-19　体育场会议室效果图

图 2-20　体育场足协主席办公室效果图

图 2-21　体育场后勤通道效果图

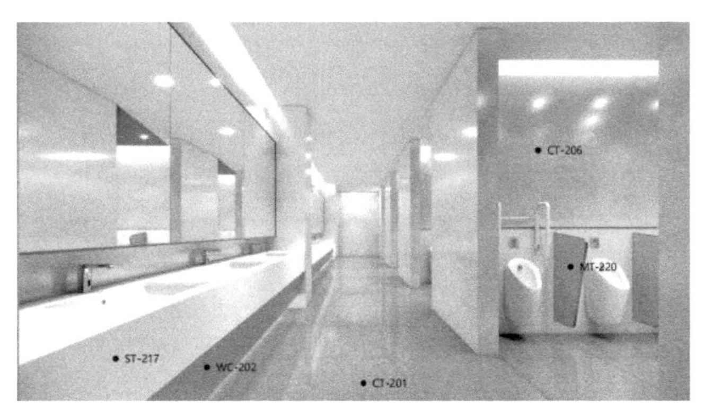

图 2-22　体育场男卫生间效果图

第3章

体育场装饰工程项目管理

3.1 体育场装饰工程项目的组织管理

3.1.1 项目组织架构

项目组织结构设置的原则遵循目的性、高效性、系统专业化管理、多变和灵活性、项目组织和企业组织一体化。

目的性：为了实施项目管理的总目标。

高效性：以能实现实施项目所要求的工作任务为原则，简化机构缩短流程，做到精干高效。

系统专业化管理：项目管理系统是由各子专业系统组成，各个子专业系统间存在大量结合部位。设置项目系统时以专业方面考虑划分部门、岗位、权利范围和人员，能够完成项目管理总体目标而实行合理分工和协作。

多变和灵活性：项目组织受制约要素多，带来了多变和灵活性的特点。组织机构应能满足工程多变和灵活的要求。

项目组织和企业组织一体化：项目组织是企业组织中的一部分，项目组织由企业组建。

组织机构设立后，将根据工程计划具体抓四个环节工作：安全、质量、工期和成本的控制。为保证这些施工环节的落实，具体职责分工见表3-1。

岗位职责分工表 **表3-1**

岗位名称	主要职责及分工
项目总指挥	全面协调公司所有资源保障项目实施
项目经理	项目经理是公司法人代表对项目管理的代理人，是工程项目的第一责任人，主持项目部的日常工作，全面负责项目管理工作，对公司总经理负责： （1）是项目部项目技术负责人、项目副经理（生产、材料、质量安全）及项目财务主管的直接领导； （2）有项目管理的人事权，有权任免项目部的组成人员，有权选择劳务施工队伍；

续表

岗位名称	主要职责及分工
项目经理	（3）负责建立健全项目部的各项规章制度； （4）负责项目材料采购、生产加工、质量、进度、安全、文明施工、收款等管理工作，审核各项计划； （5）在公司审批的项目预算范围内按月编制项目资金使用预算，并建立资金使用台账； （6）负责合同管理，对设计变更、现场修改、合同修改等及时办理有效的签证确认手续； （7）负责成本管理，在公司审批预算的总体原则下，制订成本控制计划； （8）承担项目收款责任，建立收款台账； （9）负责对外关系的协调； （10）负责工程施工承包管理、各专业工序的施工、组织材料的供应、施工设备的调配、制定各项施工计划、与外界各方联系等，具备良好的管理和协调能力
技术负责人	技术负责人是项目设计直接责任人，主持项目设计日常工作，全面负责项目设计的管理工作，对项目经理负责： （1）是测量工程师、设计师、工艺师的直接领导； （2）全面负责项目设计管理工作，包括总体设计的布局、设计意图的考虑、设计计划的拟制及确定、设计进度的控制、设计问题的解决及与现场的联络等； （3）在项目经理的领导下，具体主持本工程的施工图设计及其他一切技术工作； （4）负责本工程技术管理工作，组织重大技术方案的审核，协调解决施工过程中出现的重大技术问题； （5）负责施工全过程技术指导与监控，负责监督执行 ISO 9001 质量体系，组织施工图纸会审和技术交底工作； （6）负责主持项目技术例会，处理设计变更有关工作； （7）与业主、设计单位、监理公司保持经常沟通，保证设计、监理的要求与指令在各工种中贯彻落实； （8）组织技术骨干对本项目的关键技术难题进行科研攻关，落实加工制作、施工安装工艺，确保施工顺利进行； （9）负责组织各项性能指标检测材料试验等工作； （10）实施设计变更，及时提供局部结构优化的方案，完善图纸确认手续； （11）负责对项目技术事宜与建筑师及设计院进行沟通
生产经理	（1）生产经理是采购、生产加工的直接责任人，主持项目采购、生产加工、产品运输日常工作，全面负责项目采购、生产加工、产品运输的管理工作，对项目经理负责； （2）是材料员、采购员、生产调度、物流调度的直接领导； （3）认真贯彻公司及项目经理对本工程制订的整体方案和技术措施、总体计划； （4）监督协调项目材料采购、生产加工和材料运输等工作； （5）建立健全项目材料采购、生产加工及产品运输的各项规章制度
专业技术工程师	全面负责公司各部门之间的技术支持和协调工作： （1）负责项目技术管理和质量管理，协助设计单位、监理做好与工程质量有关的各项技术管理工作； （2）负责与设计单位的联络，落实图纸的深化工作，组织图纸的审查，并参加设计交底及会审，明确设计意图和技术要求，负责图纸修改、设计变更的记录； （3）组织编制论证和审定施工方案及施工组织设计，及时解决施工中的技术问题和安全措施，协调监督施工队的技术质量和标准控制； （4）控制项目质量目标，负责隐蔽工程的验收及施工令的申报，负责项目测量观察的复验签证，落实质量保证措施，负责质量事故的调查和处理； （5）负责技术资料管理，组织竣工资料确定方案、汇总和归档、移交工作
深化设计负责人	负责实施项目技术及设计工作，控制设计进度及设计成本，协调与设计单位的关系，参与设计评审和图纸会审

续表

岗位名称	主要职责及分工
施工员	（1）主管工程项目施工日常工作； （2）负责编写各分部分项工程施工组织设计和施工难点工艺方案，参加图纸会审； （3）负责按周进度计划合理进行劳力调配，并通过派工单的形式对各施工区施工班组提出具体要求，任务完成后根据派工单做好班组工时审核工作，作为员工发放工资的依据； （4）协调与总包及各施工单位的关系，解决施工协调问题和施工技术问题，对技术问题及时反馈相关部门； （5）根据工程进度情况，适时做好“技术交底”工作，翔实地记好“施工日记”； （6）按期编报月施工进度计划和产值统计表、周施工情况报表，做好进度台账； （7）负责保管与各相关单位的来往工程文件，整理竣工资料“施工管理”分册的文件，收集、整理设计变更、签证等决算资料
安全员	（1）主管项目安全、文明施工、环境保护及消防保安等日常工作，切实做好安全、文明、施工、环境保护及消防保安等日记，检查施工现场的安全设施等，对项目安全负责人负责； （2）贯彻执行安全法规、条例、标准、规定，做好宣传教育和管理工作，编制安全技术施工方案并组织实施； （3）组织员工学习安全操作规程，进行安全技术交底，教育员工不违章作业； （4）对新员工进行安全教育、培训和考核； （5）巡查施工现场，调查研究生产中的不安全因素，提出改进意见和措施； （6）对施工现场搭设的脚手架、垂直运输设备、临时用电装置和电动机具等安全防护设施组织验收； （7）发生工伤事故应先立即抢救伤员，并立即上报事故，并做好现场保护和调查处理； （8）制止违章指挥，遇有严重违章，有权暂停施工，并报告领导处理。对违章行为有权提出处罚意见； （9）具体负责现场施工设备的管理，建立设备台账
质检员	（1）主管各施工区现场施工质检日常工作，切实做好现场施工各工序质检日记，规范各项质量记录文件，对项目质量负责； （2）编制项目质量计划、安装工序检验计划； （3）现场跟班对质量、ISO 9000体系运行进行监督； （4）检查施工现场是否按照施工图和合同要求施工，是否符合行业标准和技术规范的要求； （5）负责基准点、标高、轴线的复核校验； （6）检查场内材料堆放、标识是否符合要求，产品保护措施是否到位； （7）负责进场材料、安装样板、隐蔽工程、完工工程的检验，填写分项工程检测评定表、隐蔽验收报告，办理报验和验收签证手续； （8）负责对安装不合格的发出整改或不合格报告，性质严重的下达罚款停工通知，并对整改项目进行跟踪； （9）参与竣工工程内部验收及质量等级评定； （10）参与竣工工程内部验收及质量记录，按时填写质量日记，要求字迹清楚、数据准确，竣工验收时交付全部质量检验和性能测试资料； （11）参与重大质量问题的处理，协助项目部经理做好外部（业主、监理、总包）协调工作； （12）定期编制周报与月报，及时对工程处上报的月进度确认、签证
材料员	（1）负责项目部材料管理，建立完整的材料台账（包括所有材料的进货记录及出库记录、补料申请记录）； （2）负责对照进度计划编制工程材料的进场计划（含周计划和月计划）； （3）接受设计发放的下料单、图纸、送货单，并妥善保管和分发； （4）根据派工单编制领料单并监督执行现场领用手续； （5）及时反馈现场缺料信息并负责催料； （6）负责协助仓管在每月月底对项目部仓库的盘点工作，并上报材料报表； （7）督促仓管员做好材料标识，合理存放，保证堆放整齐有序，使工地现场的成品及半成品能有效管理； （8）负责办理退回材料的手续

续表

岗位名称	主要职责及分工
资料员	(1)主管项目所有项目往来资料; (2)根据工程资料档案管理要求,依据工程验收规范和竣工资料归档要求,制定资料归档目录和整理; (3)收集所有归档资料和整理; (4)管理所有单位的来往函件以及联系单; (5)做好函件及联系单收发文及跟踪工作
测量员	(1)测量员受项目技术负责人的领导,在上级业务部门指导下工作,要努力学习和熟悉施工图,增强识图、审图、绘图的潜力; (2)负责建筑物的测设工作; (3)负责施工过程中的控制线投测及标高传递,监督检验,对各种几何形状、数据和点位的计算与校核; (4)了解误差理论,能针对误差产生的原因采取措施,以及对各种观测数据进行现场处理; (5)各种测量仪器的请领、保管,了解仪器构造、原理和掌握仪器使用、检校、维修潜力,确保仪器良好的工作状态; (6)负责编制测量放线与实施方案; (7)随时向技术负责人汇报测量放线状况和检查的问题,认真做好本职工作
商务工程师	(1)主管项目预算及成本控制日常工作,对项目财务主管负责; (2)负责编制项目预算及成本控制预案,报项目财务主管审核,项目经理批准,并组织实施; (3)负责编报资金的使用计划,严格控制工程费用的开支,确保工程款项的正常投入; (4)组织项目部人员,认真开展成本核算,做好两算对比,控制成本范围,提高工程施工利润; (5)与业主单位对口业务及时沟通,按工程进度及时收取进度款,做好阶段性的工程结算
劳资专员	(1)全面负责劳动力日常管理工作,对项目经理(主管计划及施工)负责; (2)负责跟施工人员签订劳务用工合同及入场信息台账; (3)负责按项目计划及安装工序要求配置施工机械; (4)负责现场消防、安全、文明施工及环境保护工作; (5)负责按要求向施工人员及时发放劳保用品; (6)负责组织施工人员参加项目部组织的岗前培训、安全教育、技术及质量、文明施工等各类交底,并负责与施工人员签订安全责任状; (7)负责为全体施工人员购买意外伤害保险,统一购买工衣; (8)负责教育施工人员遵守国家法律、法令及法规,遵守公司各项规章制度及项目部各项规定,办理施工人员进场证件; (9)负责建立施工人员档案

3.1.2 项目质量管理

深圳市建筑装饰(集团)有限公司在体育中心提升改造工程(二期)装饰工程中把“质量预控、过程精品、以人为本、质量第一”作为工程质量管理控制原则。

质量预控:在项目管理中,事先完善各种措施,用“人、机、料、法、环”和“图纸、方案”各方面条件的完善来保证质量。

过程精品:最终质量目标的实现,是大量的分项、分部工程质量目标实现后的综合结果。对项目整体而言,将按照实施的不同阶段、不同专业的不同特点,对质量目标进行分解,制定相对应的措施,抓过程保结果,以抓过程精品管理来保证各分解目标的实现。

以人为本:充分调动人的积极性、创造性,增强人的责任感,强化“质量第一”

的观念，提高专业水平，避免人为失误，以人的工作质量带动工序质量进而提高工程质量。

为保证本工程质量严格受控，确保各阶段质量目标的实现。我司还将从工程的组织保障、技术保障、管理保障等方面，进一步为本工程质量管理控制的实施过程提供保障。

为保证已经确定的质量体系能在具体工程项目上有效的运作，本工程将制订项目质量专项计划。"项目质量计划"配备的保证手段将覆盖整个工程，成为工程施工指导性文件，它主要包括以下管理内容：

（1）合同评审管理

对招投标文件和合同草案进行评审，确保合同条款完善、明确。正式合同签订前及执行期间，对合同进行评审会签，强调质量一票否决权。

（2）组织和管理

设立本工程项目管理的组织架构图，主要包括技术质量组、机电管理组、装饰管理组、安全管理组、商务部、设计部等部门，明确技术质量部为负责工程质量的专职机构，并对项目领导成员及管理人员的职责、权限进行详细描述。

（3）人员培训与资格管理

对上岗人员进行有针对性的职业培训，特殊作业人员要求获取作业证书方可上岗，管理人员亦应获取相应岗位职业证书方可上岗。为实现质量目标，对编制的质保手册、程序文件、作业指导书以及业主提供的工程图纸、技术资料等进行归档、编目、标识，并做好对外、对内文件发放等工作，对作废文件进行标识处理。

（4）文件和资料控制管理

为实现质量目标，对编制的质保手册、程序文件、作业指导书以及业主提供的工程图纸、技术资料等进行归档、编目、标识，并做好对外、对内文件发放等工作，对作废文件进行标识处理。

（5）材料（设备）采购管理

工程项目经理部建立合格供应商名单，并定期对其进行评审，采购产品时制订完整的计划，签订周详的合同并用相应的规范、标准严格进行验证。

（6）材料工艺的检验、试验与测试管理

规定凡进场的工程材料、半成品必须按国家规范、行业规范进行验收，内容包括：品牌、规格、品种、数量、质量标准、出厂时间。试验结果等各项指标符合规定后方可放行，对不合格物资规定了处置办法。规定必须进行隐蔽检查的项目和内容。

（7）设施计量与测量管理

规定计量器具和测量仪器的验收、检测、标识等方法。

（8）专业劳务分包的质量管理

对专业劳务分包加强质量过程控制检验，如对铺贴、干挂、吊顶、半成品安装等工艺进行严格的误差控制，并制定样板制度。

（9）不合格品（项目）控制管理

明确防治不合格品出现的预防措施和出现不合格品的处置措施。

（10）产品标识与追溯性管理

对原材料、施工过程及竣工工程进行有效标识，使产品具有可识别性和可追溯性。

（11）工序控制管理

对施工工序各个环节的控制，保证其质量满足要求，对特殊工序由具备资格的人员进行操作并连续监控。

（12）检验与试验管理

严格按规定对产品和过程进行检验和试验，确保质量符合要求。

（13）纠正和预防措施管理

对施工中比较严重的不合格或反复发生的不合格进行调查和分析，采取相应的纠正措施，并定期总结，分析其发生趋势和可能性，采取相应的预防措施，把不合格减少至零。

（14）搬运、储存、防护和交付管理

对施工材料搬运、储存、保管和交付进行严格控制，防止其损坏或变质。

（15）质量记录的控制管理

对质量记录进行填写、收集、归案、储存、保管、标识，按规定进行严格控制，以证实产品达到规定的要求。

（16）已完成部分的检验与测试

对已完成部分成品乃至于整体成品须进行全面检验与测试。

项目质量管理控制的方法，主要是审核有关技术文件、报告，工程材料、设备的控制与验证，做现场检查或必要的试验、检测等。

（1）工程材料设备的报批和确认

工程材料设备质量直接涉及工程质量。包括业主指定的品牌库供应商在内，项目经理部将按照业主管理的要求对工程材料设备实行报批确认，其程序为：

1）编制工程材料设备确认的报批文件。项目经理部和供应商事先编制工程材料设备确认的报批文件，文件内容包括：制造（供应商）的名称、产品名称、型号规格数量、参照的技术说明、有关的施工详图、使用在本工程的特定位置以及主要的性能特性等。报批文件附上统一编制的《材料设备报批单》，送业主代表、现场工程师、监理。

2）提出预审意见。工程项目部在收到报批文件后，提出预审意见，报业主确认。

3）报批手续完毕后，业主、项目经理部、分包商和监理各执一份，作为今后进场工程材料设备质量检验的依据。

（2）材料样品的报批和确认

按照工程材料设备报批和确认的程序实施材料样品的报批和确认。材料样品报业主、监理、设计单位确认后，实施样品留样制度，为日后复核材料的质量提供依据。

（3）加强工程材料设备的进场验证和校核

对于进场工程材料设备的质量验证和检验，制定材料设备进场验收的办法，其程序是：

1）工程材料设备进场后，由供应商进行自检并填写《材料清单》和《材料验收单》。

2）工程项目部收到供应商的资料后，在24h内会同监理、业主代表前往验收，需要取样的，按规定将样品送到工程项目部设置的工程材料陈列室。

3）在材料验收中填写《材料取样标签》，经工程项目部和监理、业主代表验收合格后，在《材料取样标签》上加盖“取样合格”章，然后贴在取样实物上。作为今后对供应商进行材料验收对照的依据。

4）工程项目部会同监理对现场材料设备进行全面的验证检验，拒收与规定要求不符的材料设备，同时对相关的供应商予以警告，确保使用或安装的设备和材料符合质量规定的要求。

施工质量控制措施是施工质量控制体系的具体落实，其主要是对施工各阶段及施工中的各控制要素进行质量上的控制，从而达到施工质量目标的要求。施工质量控制要以系统过程对待，施工全过程的质量控制是一个系统，包括投入生产要素的质量控制、施工及安装工艺过程的质量控制和最终产品的质量控制。施工阶段性的质量控制措施主要分为三个阶段，并通过这三个阶段对本工程各分部分项施工进行有效的阶段性质量控制。

（1）事前控制阶段

1）事前控制是在正式施工活动开始前进行的质量控制，即质量预控，事中控制是关键，事前控制是先导。事前控制，主要是建立完善的质量管理体系，编制“质量计划”，制订现场的各种管理制度，完善计量检测技术和手段。对于工程项目施工所需的原材料、半成品、构配件进行质量检查和控制，并编制响应的检验计划。

2）进行设计交底、图纸会审等工作，并根据本工程特点确定施工流程、工艺及方法。对于本工程将要采用的新技术、新工艺、新材料均要审核其技术审定书及运用范围。

3）质量预控及检测是ISO 9001标准核心部分，也是保证工程质量的一个重要手段。因此，项目部从领取施工图纸到手之日起，经图纸会审，编制施工组织设计，分项分部工程质量评定，单位工程质量评定施工验收，直至竣工后保修服务，每个环节都由

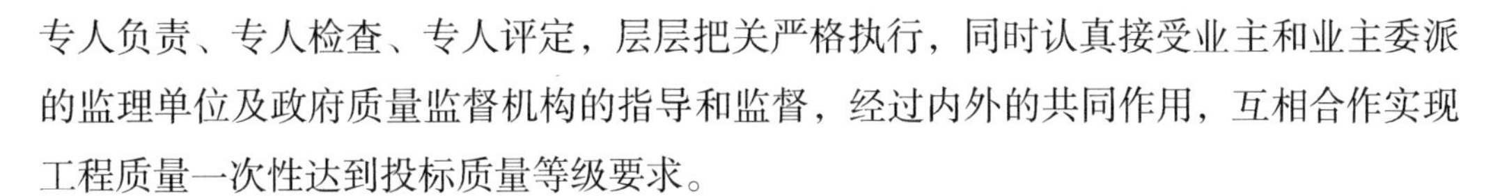

专人负责、专人检查、专人评定，层层把关严格执行，同时认真接受业主和业主委派的监理单位及政府质量监督机构的指导和监督，经过内外的共同作用，互相合作实现工程质量一次性达到投标质量等级要求。

4）进行质量控制教育。围绕总体目标和分项目标，对项目和施工队伍全体员工进行普遍质量意识教育、质量管理制度教育、质量标准教育；牢固树立“质量第一”的意识。

5）狠抓准备工作质量。施工准备是抓好施工质量控制的基础，在每项工作开工时，要求项目部和施工队认真抓好思想准备、技术准备、物资准备、设备准备、组织准备和现场准备，准备工作做好了，质量控制工作才能顺利展开。

（2）事中控制阶段

事中控制阶段是关键，指在施工过程中进行的质量控制。主要有：完善工序质量控制，把影响工序质量的因素都纳入管理范围。及时检查和审核质量统计分析资料和质量控制图表，抓住影响质量的关键问题进行处理和解决。

（3）事后控制阶段

1）事后控制是指对施工过的产品进行质量控制，是一个弥补过程。按规定的质量评定标准和办法，对完成后的单位工程、单项工程进行检查验收。

2）整理所有的技术资料，并编目、建档。在保修阶段对本工程进行维修。

责任工程师对过程质量展开全过程、全天候的监督，凡达不到质量标准的不予签字认可，并责成期限整改。

根据施工进度节点突出重点，抓住关键过程进行质量控制。为了控制关键过程的工程质量，要求编制施工方案，组织质量技术交底，下达作业指导书，对施工全过程实施质量检验。质检部加强对关键过程的检查和监督，使得关键过程施工质量始终处于受控状态。

在自检的基础上，提请监理工程师检验签字认可，未有监理工程师签字认可的，不得在工程上使用或进入下一道工序施工。对监理工程师开具的施工安装不符合设计要求、施工技术标准和工程合同约定的，或者存在的测量、质量、安全等隐患方面的整改通知，项目经理部予以及时落实、跟踪和督促限时整改，直至监理工程师验证签字认可为止。

在施工过程中抓好过程检验。第一，进行分项分部工程的质量复验，在作业班组自检的基础上，对分项分部工程的质量进行复验认可；第二，对隐蔽工程采取连续或全数的检验和试验方法，对隐蔽工程验收记录进行复验认可，并在监理工程师核验签证后方可进入下道工序施工；第三，组织主要分部工程质量等级的核验。

为保证本工程质量严格受控，确保各阶段质量目标的实现。我司还将从工程的组织保障、技术保障、管理保障等方面，进一步为本工程质量管理控制的实施过程提供保障。

（1）建立高效的组织保证体系

1）成立现场技术负责人具体负责的质量监控领导小组常驻现场，有效监督检查施工质量。主管项目经理与项目经理部管理人员签订责任状，将目标层层分解，直接与个人收益挂钩，做到责任到人、有法必依、推动后进、鼓励先进。

2）全面加强项目经理部组织结构，职责到人，从组织机构上确保工程创优。

3）选用高素质、高质量，参与过创优工程的专业劳务队伍进场施工。施工队伍班组进场前必须先做样板，核实质量与技术能力。在施工过程中，使用质量否决权，达不到创优要求的班组随时淘汰出场。

（2）制定各部门的职责范围

1）实行主管施工质量的公司领导对工程质量具体负责，各工程部项目经理技术负责人在技术上对工程质量直接负责的质量管理机制。

2）公司设立工程部，配备专职负责人和专职质量员，各工程部设专职质量检查员。

3）项目部成立质量管理小组

（3）班组自检测—段长检查—下一道工序班组交接检查—质量管理小组终检—下道工序

1）施工人员应认真做好质量自检、互检及工序交接检查和专业检查，做好施工岗位责任记录和施工原始记录，记录数据要做到真实全面及时。

2）各级领导必须坚持参加工程质量的验收工作，在检查中发现违反施工程序、规范、规程的现象，不合格的项目和事故苗头等应逐项记录，同时及时研究制定出处理措施。

3）各级专（兼）职质检员协助该级领导人员进行日常的质量管理。

4）成立专职质检小组，各层管理要有专职的质检员上岗工作，质检员不但能够掌握相关的质量标准、检验方式，还应能对作业班组给予质量管理方面的指导。结合该工程的要点和特殊性，成立三层专职质量检查小组。

（4）为保证工程的施工质量，项目总工及各专业技术负责人、质量负责人要坚持巡查。前两个层次的专职质量员要到岗到位，及时纠正、指导施工中发现的问题。对重要部位、重要工序要进行联检。联检由项目总工负责组织，项目专业技术、质量负责人、各专业工程师、质检员、施工员、材料员参加联合检查。联合检查后召开总结会，指出质量隐患、问题，分析质量形势，明确质量要求，确定整改措施。

项目组织从项目经理开始学习，并组织全员学习集团创精品工程的先进经验，把创精品工程的好经验编入施工组织设计、施工方案和技术交底中去。对每一分项工程都要在开工前进行方案研讨，统一思想后编写方案。以批准的施工组织设计、施工方案为指导，编写技术交底落实到班组，以方案和交底检查控制工程施工。

按 ISO 9001 标准及企业的质量计划、程序文件的要求制定周密详尽的质量保证计划。为使质量管理体系能在具体的工程项目上有效运行，根据合同要求对工程质量、工期控制、场容达标等管理各方面进行策划，确保达到业主和项目经理部提出的质量目标。

实行质量一票否决制度，所有工程要在保证质量达标的前提下完成，未达标项目不能通过内部质量验收。各分项工程要制定出相应的质量标准、实施计划及保证措施。

在工程开工前根据我司制定的一系列技术标准，如《吊顶工艺标准》《地面铺装要求》等，各分项工程要制定出相应的质量标准、实施计划及保证措施。

结合本工程的设计意图及结构特点，我司将全过程、全方位认真完成技术质量工作。将各阶段的技术质量工作内容，编制成为技术质量工作一览表。同时我司还将结合该工程施工特点和要点，努力探索新的施工技术，探索新的施工工艺，总结新的施工工法，应用新的建筑材料，打造精品工程。

对所有分项工程的质量进行有效监督，开展质量竞赛和质量交流活动，及时预防、发现、纠正质量问题。

（1）质量例会制度、质量会诊制度、质量讲评制度

每周生产例会质量讲评：项目经理部将每周召开生产例会，除布置生产任务外，还要对上周工地质量动态作一全面的总结，指出施工中存在的质量问题以及解决这些问题的措施，并形成会议纪要，以便在召开下周例会时逐项检查执行情况。对执行不力者要提出警告，并限期整改。

每周质量例会：由项目经理部主持，参与项目施工的施工班组、责任工程师逐一汇报上周施工项目的质量情况、质量体系运行情况、质量上存在的问题及解决问题的办法，以及需要项目经理部协助配合的事宜。每次会议都要做好例会纪要，作为下周例会的材料。

每月质量检查讲评：每月底由项目质量工程师组织对在施工程进行实体质量检查之后，写出本月度在施工程质量总结报告，再由工程部汇总，以《月度质量管理情况简报》的形式发至项目经理部各部门和专业班组。简报中对质量好的班组要予以表扬，须整改的部位应明确限期整改日期，并在下次质量例会逐项检查是否彻底整改。

（2）编写新工艺施工工艺卡

对主要施工项目按有关工艺标准执行，对新工艺应通过专家鉴定后编写新的施工工艺卡。

（3）样板制

分项工程开工前，由项目经理部的责任工程师，根据专项施工方案、技术交底及现行的国家规范、标准，组织进行样板分项施工，确认符合设计与规范要求后方可进行施工。

（4）三检制

强化过程质量管理，落实各级责任制，认真执行“三检制”（自检、互检和交接检）。

（5）挂牌制

技术交底挂牌：在工序开始前针对施工中的重点和难点现场挂牌，将施工操作的具体要求，如：材料规格、设计要求、规范要求等写在牌子上，既有利于管理人员对工人进行现场交底，又便于工人自觉阅读技术交底，达到理论与实践的统一。

半成品、成品挂牌制度：施工现场进行挂牌标识，标识须注明使用部位、规格、产地、进场时间等，必要时必须注明存放要求。

（6）过程监控制

施工过程中，应对过程及成品进行监控，并做好相应记录，对可能出现的质量问题应及时检查及时采取措施，做到项目经理、项目工程师、技术员、质检员、主管工长能及时掌握质量发展趋势，并逐级认真实施解决。

（7）做好隐、预检工作

开工时编制工程隐、预检计划，按施工进度及时办理隐、预检验收手续。隐蔽工程、指定部位和分项工程未经检验或已检验为不合格的，严禁转入下道工序。

（8）分部、分项工程核验制

分项工程质量在班组自检基础上由专业工长组织检验评定，质量员核定；分部工程质量由项目经理部技术负责人组织检查评定，质量员核定，重要部位由工程项目经理部组织核定，合格后方可报监督部门核定。

3.2 体育场装饰工程项目的安全管理

3.2.1 安全保证措施

施工现场建立以项目经理为主的安全领导体系（图 3-1）。

根据深圳市体育中心装饰工程特点及现场情况，以下部位和事项为安全控制重点：

（1）室内高度超过 2m 的施工平台；

（2）设备管道、电梯、楼梯临边洞口的护栏；

（3）易燃物品储藏处的安全控制；

（4）现场用电安全控制；

（5）施工场地的防火控制；

（6）电焊作业的防火防范控制。

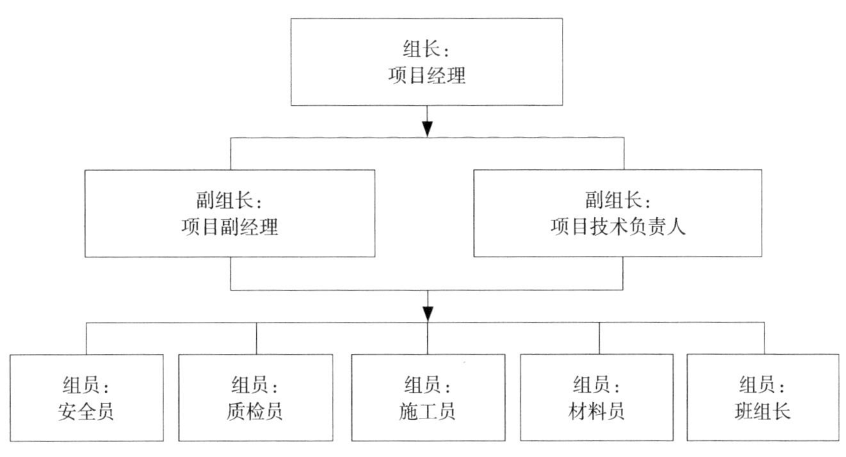

图3-1 岗位职责分工表

1. 安全教育

（1）进场安全教育

新进场或转场工人必须经过安全教育培训，经考核合格后才能上岗。季节性施工或变换工种也必须接受相关的安全生产教育或培训。未经安全生产教育和培训合格的从业人员，不得上岗作业。新进场的劳动者必须经过上岗前的“三级”安全教育，即：公司级教育、项目部级教育、班组教育。加强对职工的安全教育，经同意考核合格后，方可上岗。

（2）管理人员及施工人员应持证上岗

项目部管理人员中项目经理、安全员，均须具有安全员资格证。施工人员中电工、电焊工、架子工等特殊工种的工人，须经过专业安全技能培训，经考试合格持证后，方可上岗施工。

（3）广泛开展安全生产的宣传教育

广泛开展安全生产的宣传教育使进场的全体员工真正认识到安全生产的重要性和必要性，懂得安全生产的科学知识，牢固树立安全第一的思想，自觉遵守各项生产的法律法规和规章制度。

安全教育包括知识、技能、意识三个阶段的教育，分别是：

安全知识教育，使施工人员了解掌握施工过程中，潜在的危险因素和防范措施。

安全技能教育，使施工人员掌握安全生产技能，获得完善化、自动化的行为方式，减少施工中的失误现象。

安全意识教育，在于激励施工人员自觉坚持实行安全技能。

安全教育的内容随实际需要而确定。新工人入场前应完成三级安全教育结合施工工序的变化，适时进行安全知识教育。结合施工组织安全技能训练。

采用新技术，使用新设备、新材料、推行新工艺之前，应对有关施工人员进行安全知识、技能、意识的全面安全教育，激励施工人员实行安全技能的自觉性。

加强教育管理，增强安全教育效果。

教育内容全面，重点突出，系统性强，抓住关键反复教育。反复实践，养成自觉采用安全操作方法的习惯。

进行各种形式、不同内容的安全教育，都应把安全的时间、内容等清楚地记录在安全记录本上。

建立各级人员的安全生产责任制，明确各级人员的安全责任，抓制度落实，抓责任落实，定期检查安全责任落实情况。

建立、完善以项目经理为首的安全领导小组。有组织、有领导地开展安全管理活动，承担组织领导安全生产的责任。

特殊作业人员，按规定参加安全操作考核，取得安全部门核发的证件，坚持“持证上岗”，施工现场出现特种作业无证操作现象时，施工项目经理必须承担管理责任。

全体施工人员均须与施工项目经理部签订安全协议，向施工项目经理部做出安全保证。安全生产责任制落实情况的检查，应认真、详细地记录，作为分配、补偿的原始资料之一。

严格遵照国家基本建设的有关方针、政策和“预防为主，消防结合”的消防工作方针。安全防火责任制是企业中最基本的一项安全制度，是所有劳动保护规章制度的核心。有了这项制度，才能把安全生产、防火有机地统一起来。使安全、防火工作职责明确，有章可循，使各级领导、职能管理部门直至班组的广大施工人员，层层有责、人人有责，共同努力做好安全、防火工作，确保生产的正常进行。

安全防火职责的深入贯彻，是全面加强施工管理的一个重要组成部分，也是每个成员义不容辞的责任，在生产过程中，自始至终落实好安全防火职责，无疑会对安全生产起到积极的作用。

安全防火职责是所有成员必须履行的安全防火方面的行为规范，必须严格遵守和自觉执行，并且应与其他方面的规章制度配套实施。

（4）工地仓库保管员安全防火职责

1）必须坚守岗位，做好装潢物资的验收入库、领用登记等手续，切实做好保卫工作。

2）对乳胶漆、化工材料等易燃物品，特别加强管理，严格收发制度，乳胶漆、化工材料应严格控制。

3）乳胶漆、化工材料库库内禁止做任何作业。仓库内禁止使用碘钨灯照明，停电时应用干电池手电筒照明。

4）库内杂物、废物要经常清理，保持库内清洁整齐，过道畅通。

（5）电工安全防火职责

1）进入施工现场，严禁吸烟。不得使用明火，禁止使用碘钨灯、电炉、热得快等。

2）总配电箱应有触保器，装门锁，导电线必须使用各种规格的缆线，严禁使用花线、塑线、护套线作导电线。

3）所有的插头、插座、闸刀都必须完好无损，对不符合规定的各种电气设备和电动工具，电工有权拒绝安装和进行拆除。

4）要经常宣传用电安全知识，工地的电气设备不得超负荷，线路不得超容量使用。

5）进行规范化操作、杜绝违章。

（6）油漆工安全防火职责

1）进入施工现场，严禁吸烟，不准带火种。

2）要进行油漆作业时，严禁使用碘钨灯，喷漆作业时要戴好保护口罩。

（7）木工安全防火职责

1）进入施工现场，严禁吸烟。

2）使用木工机械，必须严格操作规程，确保施工安全。

3）刨花、木屑等易燃物，每天必须清除干净，必要时随积随清。

4）木工使用的材料要精打细算，节约各种木材，并不得将带钉的木头、木板随地乱丢，以防伤害他人。

（8）电焊工安全防火职责

1）每天开具动火证。

2）每个焊点必须配备水盆及灭火器。

3）每个焊点要专人看护。

（9）安全技术交底

项目经理部必须实行逐级安全技术交底制度，纵向延伸到班组全体作业人员。技术交底必须具体、明确，针对性强。技术交底的内容应针对分部分项工程施工中给作业人员带来的潜在危害和存在的问题。应优先采用新的安全技术措施，应将工程概况、施工方法、施工程序、安全技术措施等向工长、班组长进行详细交底。定期向两个以上作业队和多工种进行交叉施工的作业队伍进行书面交底，保持书面安全技术交底签字记录。

安全技术交底主要内容：本工程项目的施工作业特点和危险点；针对危险点的具体预防措施；应注意的安全事项；相应的安全操作规程和标准；发生事故后应及时采取的避难和急救措施等。

2. 安全检查

工程项目安全检查的目的是为了消除隐患、防止事故、改善劳动条件及提高员工安全生产意识，是安全管理工作的一项重要内容。通过安全检查可以发现工程中的危险因素，以便有计划地采取措施，保证安全生产。施工项目的安全检查应由项目经理组织。

（1）安全检查的类型

1）日常性检查：日常性检查即经常的、普遍的检查。专职安全员的日常检查应该有计划，针对重点部位做周期性检查。

2）专业性检查：专业性检查是针对特种作业、特种设备、特殊场所进行检查。

3）季节性检查：季节性检查是根据季节特点，为保障安全生产的特殊要求所进行的检查。

4）节假日前后检查：节假日前后检查是针对节假日期间容易产生的麻痹思想的特点而进行的安全检查。

5）不定期检查。

（2）安全检查的注意事项

1）安全检查要深入基层，紧紧依靠施工人员，坚持项目部与施工人员相结合的原则，组织好检查。

2）建立检查的组织领导机构，配备适当的检查力量，挑选具有较高技术业务水平的专业人员参加。

3）做好检查的各项准备工作，包括思想、业务知识、法规政策和检查设备。

4）明确检查的目的和要求。既要严格要求，又要防止一刀切，要从实际出发，分清主、次矛盾，力求实效。

5）把自查和互查结合起来。

6）坚持查改结合。检查不是目的，只是一种手段，整改才是最终目的。发现问题，要及时采取切实有效的防范措施。

7）建立检查档案。结合安全检查表的实施，逐步建立健全检查档案，收集基本的数据，掌握基本的安全状况，为及时消除隐患提供数据。

8）在制定安全检查表时，应根据用途和目的具体确定安全检查表的种类。

（3）安全检查的主要内容

1）查思想：主要检查施工人员对安全生产工作的认识。

2）查管理：主要检查工程的安全生产管理是否有效。

3）查隐患：主要检查作业现场是否符合安全施工的要求。

4）查整改：主要检查对过去提出问题的整改情况。

5）查重点：主要检查违章作业和违章指挥。

6）查事故处理：对安全事故的处理应达到查明事故的原因，明确责任并落实整改措施等要求。

（4）安全检查的主要规定

1）定期对安全管理的执行情况进行检查、记录、评价和考核。

2）根据施工过程的特点和安全目标的要求确定安全检查的内容。

3）安全检查应配备必要的设备或器具，确定检查负责人和检查人员，并明确检查的方法和要求。

4）检查应采取随机抽样、现场观察和实地检测的方法，并记录检查结果，纠正违章指挥和违章作业。

5）对检查结果进行分析，找出安全隐患，确定危险程度。

6）编写安全检查报告并上报公司安全管理部门。

安全检查的目的是发现、处理、消除危险因素，避免事故伤害，实现安全生产。消除危险因素的关键环节，在于认真整改，确实把危险因素消除。对于那些因种种原因一时不能消除的危险因素，应逐项分析，寻求解决办法，安排整改计划，尽快予以消除。安全检查后的整改，必须坚持“五定”，即定整改责任人、定整改措施、定整改完成时间、定整改完成人、定整改验收人。

3. 安全管理

（1）安全管理措施

1）认真做好进场前的安全生产教育培训工作，进入工地的施工人员，都必须经过入场安全教育，办理安全教育卡。入场安全教育的内容，必须填写在安全教育卡内，安全教育卡一式两份，由宣讲人和受教育人员共同签字，一份报上级安全部门备案，一份留作安全教育的凭证。

2）安全教育做到经常化、制度化，提高施工人员和管理人员的安全生产自觉性。对进场人员进行安全知识、安全技能教育，佩发统一标志安全帽和施工证后方能上岗施工，以确保施工及人身安全。

3）施工现场必须执行安全生产责任制制度，有协调的统一安全管理组织机构，按照施工进度和施工季节，组织安全生产检查活动。

4）参加施工的所有人员要熟知本工种的安全技术操作规范，在操作中要坚守岗位，严禁酒后或带病工作。

5）电工、焊工和其他特殊工种，必须经过专门培训，有国家统一颁发的上岗证，方准独立操作。

6）正确使用个人防护用品和遵守安全防护措施。进入现场后的所有施工人员及管理人员必须配戴安全帽，禁止穿拖鞋、高跟鞋和赤脚。在没有防护设施的高处，必须系安全带，不准穿硬底鞋、带钉鞋和易滑鞋。

7）施工现场的预留洞口、通道口和悬空物边缘，应有防护栅、防护网等隔离设施或明显标志。距地 3m 以上作业地点要有防护栏杆、挡板或安全网。操作人员必须佩戴安全帽、安全带。安全用具要定期检查，不符合要求的严禁使用。

8）施工现场的脚手架、防护设施、安全标志和警告牌不得擅自拆动，需要时要经现场工地负责人同意方可变动，现场脚手架必须牢固，设置护栏，腐朽的脚手板不得使用。

9）易燃易爆物品必须放到指定区域由专人管理。

10）现场严禁吸烟、随地大小便，违者重罚。

11）现场配备灭火器、消防用水、黄砂等，按指定位置放置，不得有任何理由挪用。室内消防设施设置"三位一体"箱，即配电箱、灭火器箱以及消防砂箱。

12）木材、乳胶漆等易燃材料应分类保管，严禁火种进入。

13）施工现场的一切设施，应当按照施工总平面图布置，并进行管理。做到布局合理，整齐划一，符合疏散、防火等要求。

14）如因作业要求，需要临时拆除或变动安全防护设施时，须经施工安全负责人同意，并采取相应的可靠措施，完成作业后应立即复原，严禁私自拆改。

15）施工中预留洞口及设备口等，超过 200mm × 200mm 的一律采用定型的防护盖或防护门封严。

16）严禁在易燃和不能动用明火场地电焊，必要时须由专门部门实施并由专人看管。

17）注意乳胶漆、胶等易挥发的保管，保持低温、干燥、通风。

18）木工下班后应及时将木屑、刨花集中，装袋运走。

19）做好施工现场的安全保卫工作，采取必要的防盗措施。统一派驻现场专职保安。现场加强保卫值班巡逻，对保卫人员明确职责，严格管理，加强检查，定期教育，要求保卫人员做到"三知三会、五不准"，认真做好"四防"工作。建立和执行安全防火防盗制度。

20）拉盘锯、切割机等必须有安全装置，运转正常，严禁戴手套操作，电动工具定期维修。

21）如违反现场安全管理制度，我司按照甲方、监理的处罚规定对责任人进行处罚。

（2）施工安全用电管理措施

1）现场用电必须按照住房和城乡建设部颁发的《现场临时用电安全技术规范》执行，制定相应的施工（方案）及必要的安全内业资料。

2）用电设备及移动式电气设备必须按规定安装漏电保护装置，非电气专业人严禁拆改、动用电气设备。

3）现场临电工程必须由专人负责管理，线路设备安装后应进行验收，合格后才可送电使用。

4）现场机电设备要定期检查维修，遇有停电或停工时，必须拉闸加锁。电气设备和线路必须摇测绝缘良好的投入使用，用电线路不准直接挂设在金属架手架、钢筋、管道上，各种用电设备必须按规定做好接零保护。

5）现场用电必须实行三级配电，两级漏电保护系统，各配电箱内标明回路用途及线路图，防止误启伤人。分配电箱内实行一机一闸制，并应具备过载、短路、漏电及断路保护功能。

6）建立安全用电责任制和安全用电检查制度，凡现场施工电工人员，必须要有有效证件上岗，对用电设备及线路负责维修保养工作，并做好详细记录。

7）任何人不得强行指令电工违章作业。

（3）施工安全用水管理措施

1）根据总包提供的临时用水系统，在进场前检查用水控制阀是否符合要求，水源出口处加装截止阀或球阀一只，安装水压表及计量水表，控制现场用水用量。

2）保持现场地面无积水，严禁浪费，随用随关以防污染和造成地面积水影响施工。现场用水由专人管理，定期检查和维修，控制阀门及整个系统，并对每天的水压、用水量情况进行记录分析。

（4）消防、保卫措施

1）针对本工程的重要性、各级领导的重视，施工现场成立消防、保卫领导小组，组建群众性义务消防队，实行逐级岗位责任制施工，有更加完善的消防、保卫制度和管理措施，消防、保卫工作由专人负责，达到横向到边，竖向到底。

2）对参施人员进行全方位、安全生产、文明施工、消防、保卫等现场培训教育，提高参施人员的思想觉悟，增强法制观念，更加规范、标准、科学化管理施工。

3）施工人员要严格遵守保卫制度，进出大门服从门卫、保卫人员的指挥，自觉出示证件，着装整洁，列队进入施工现场，遇见车辆文明礼让，确保道路安全畅通。

4）施工区域用火有防范措施，临时用火必须经消防、保卫部门审批，并备有防火器材，设立看火人，方可用火，未经允许不准动用明火，施工现场严禁吸烟或随地大小便，如发现违章者重罚，清除现场。

5）针对施工区、材料区不同特点，按“五五制”的原则，在不同区域配备消防器材，对料场等重点区域设置重点防火标牌，重点控制。

6）施工现场消防设备，要按规定、规格设置，消防器材配备要充足，平时加强检查、维修、保养，做好防潮、防洒工作，并要做到“布局合理，数量充足，标志明显、齐全配套，灵敏有效”。

7）少数工种、危险作业，特别是电、气焊工要持有效的合格证件上岗操作，使用电焊机要开用火证，要有书面的防火安全交底，绝缘保护用品配备齐全，双方签字后方可操作，动火前，保护附近易燃物品，配备看火人和灭火器材，动火地点变更，重新办理用火手续，氧气瓶、乙炔瓶之间及两瓶与用火点之间保持安全距离，确保绝对安全。

8）现场加强警卫值班巡逻，对警卫人员明确职责，严格管理，加强检查，定期教育，要求警卫人员做到“三知三会、五不准”，认真做好“ 四防 ”工作。建立、健全电气防火制度；电气设备集中场所，各总配电箱、分配电箱配备1211（二氟一氯一溴甲烷）专用灭火器材，配电箱电气周围不准堆放易燃等物品。

9）以多种形式做好治安、保卫、消防安全教育，提高参施人员的法制观念和防火安全意识，自觉地遵纪守法，执行各项规章制度。

10）指派专人负责合同工的管理，要掌握人员底数，要进行登记造册，参施人员要有“三证”，要进行严格政审，要签订治安、消防、安全责任书，每个队要明确一名保卫、消防挂牌负责人，进出施工现场要凭证件，非施工人员不得进入现场，特殊情况经保卫部门审批。

11）全体参施人员自觉遵守施工现场劳动纪律和各项规章制度，严禁赌博、酗酒、打斗，不大声喧哗，严禁在非施工区域到处窜行，举止要文明，确保施工人员安全。

12）施工运输车辆，进出入现场，听从警卫人员指挥，遇见车辆礼貌让行，运输物品要覆盖，码放整齐，车容车貌整洁。

3.2.2 安全防护措施

1. 洞口施工防护措施

楼面上的所有施工洞口应及时覆盖以防人身坠落，严禁移动盖板（采取预留钢筋网的措施）；进行洞口作业以及在由于工程和工序需要而产生的，使人与物有坠落危险或危及人身安全的其他洞口进行高处作业时，必须按下列规定设置防护设施：

（1）板与墙的洞口，必须设置牢固的盖板、防护栏杆、安全网或其他防坠落的防护设施。

（2）施工现场通道附近的各类洞口与坑槽边等处，除设置防护设施与安全标志外，夜间还应设红色示警灯。

2. 脚手架搭设、拆除及使用管理措施

（1）搭设、使用管理措施

所选用的钢管、扣件、跳板的规格和质量必须符合有关技术规定的标准要求；脚手架立网统一采用绿色密目网防护，密目网应绷拉平直，封闭严密；钢管脚手架不得使用严重锈蚀、弯曲、压扁或有裂纹的钢管；脚手架不得钢木混搭，确保脚手架结构的稳定和具有足够的承载力；脚手板要铺满、铺平，不得有探头板；作业层的外侧面应设挡脚板；脚手架作业层的下方应绑水平兜网；脚手架在适当部位设置上下人员用斜道，斜道上应设防滑条，斜道两侧应搭设防护栏杆并设置安全立网封闭；脚手架搭设完毕后经有关人员进行验收后方可投入使用。

（2）脚手架拆除

拆除人员应戴好安全帽，系好安全带。拆除区域10m范围内，设立警戒线及警戒标志，组织安全员进行巡视，严禁人员走动及施工。拆除构件应轻拿轻放，严禁抛扔，以免伤人。严禁交叉作业，最底一层架体拆除时，应与落地架加固，挂防护立网进行封闭。

3. 临时用电安全施工管理措施

（1）项目部将按照《施工现场临时用电安全技术规范》编制临时用电施工组织设计，建立相关的管理文件和档案资料，加强施工现场临时用电管理。

（2）项目部与总包签订临时用电管理协议，明确各方相关责任，并按市建委关于现场临时用电管理规定对现场进行定期和不定期检查，对发现的问题及时整改，防止发生事故。

（3）临时配电线路必须按规范要求架设临时用电线路的电杆、横担、瓷夹、瓷瓶等或电缆埋地的地沟。不得采用塑胶软线，架空线必须沿墙壁敷设，不得成束架空敷设和沿地面明敷设，也不得架设在树木及脚手架上。

（4）施工机具、车辆及人员，应与架空线路保持安全的距离和安全高度。达不到规范规定要求时，必须采用可靠的防护措施。

（5）电缆穿过建筑物、构筑物、道路、易受机械损伤的场所时，必须加设防护套管。橡皮电缆沿墙壁敷设时，要用绝缘子固定，严禁使用金属裸线作绑线。固定点间距应保证橡皮电缆能承受自重所带来的荷重，橡皮电缆的最大弧度垂距地不小于2.5m。

（6）配电系统必须实行分级配电，按三级配电要求，配备总配电箱、分配电箱、开关箱三类标准电箱。开关箱应符合一机、一箱、一闸、一漏电。现场内所有电闸箱的内部设置必须是合格产品，箱内电器必须可靠、完好，其选型、定值要符合有

关规定，开关电器应标明用途。电闸箱内电器系统须统一式样、统一配制，箱体统一刷涂橘黄色，并按规定设置围栏和防护棚，流动箱与上一级电闸箱的连接，采用外插连接方式。

（7）独立的配电系统必须按标准采用 TN-S 保护系统，非独立系统可根据现场的实际情况采取相应的接零或接地保护方式。各种电气设备和电力施工机械的金属外壳、金属支架和底座也必须按规定采取可靠的接零或接地保护。

（8）采用 TN-S 保护方式时，必须设两级漏电保护装置，在总配电箱和开关箱中配置漏电保护器，形成完整的保护系统，漏电保护装置的选择应符合规定。施工现场保护零线的重复接地应不少于三处。

（9）手持电动工具的使用应符合国家标准的有关规定。工具的电源线、插头和插座应完好，电源线不得任意接长和调换，工具的外绝缘应完好无损，由专人负责对其维修和保管。

（10）施工现场的临时照明一般采用 220V 电源照明，结构施工时，应在顶板施工中预埋线管，临时照明和动力电源应穿管布线，必须按规定装设灯具，并在电源一侧加装漏电保护器。

（11）照明应使用 24V 低压照明设备，结构施工内部照明使用行灯照明，其电源电压不超过 36V，灯体与手柄应坚固，绝缘良好，电源线须使用橡套电缆线，不得使用塑胶软线。灯具变压器应有防潮、防雨水设施。外围的强电照明，必须搭设灯架，灯架高度不得低于 2m，并做好绝缘。

（12）电焊机单独设开关，施工现场内使用的所有电焊机必须加装电焊机触电保护器。电焊机一次线长度应小于 5m，二次线长度应小于 30m。接线应连接牢固，并安装可靠防护罩。焊把线应双线到位，不得借用金属管道、金属脚手架、轨道及结构钢筋作回路地线。焊把线要保证无破损，绝缘良好。电焊机设置地点应防潮、防雨、防砸。焊接现场不得堆放易燃易爆物品。

（13）施工现场临时用电由专业人员负责管理，由专人负责各类配电箱、开关箱、电气设备、电力施工机具的检修和维护工作，检修时必须切断电源，拆除电气连接并悬挂警示标牌，试车和调试时应确定操作程序和设立专人监护。

（14）检查和操作人员必须按规定穿、戴绝缘鞋、绝缘手套；必须使用电工专用绝缘工具。

（15）工地所有配电箱都要标明箱的名称、控制的各线路称谓、编号、用途等。

（16）应保持配电线路及配电箱和开关箱内电缆、导线对地绝缘良好，不得有破损、硬伤、带电体裸露、电线受挤压、腐蚀、漏电等隐患，以防突然出事。

（17）为了在发生火灾等紧急情况时能保证现场照明不中断，配电箱内的动力开关与照明开关必须分开使用。

（18）分配电箱与开关箱的距离不得超过30m；开关箱与它所控制的电气设备相距不得超过3m。

4. 高处作业安全施工管理措施

高处作业的安全技术措施及其所需料具，必须列入工程的施工组织设计。区域施工负责人应对高处作业安全技术负责并建立相应的责任制。施工前，应逐级进行安全技术教育及交底，落实所有安全技术措施和个人防护用品，未经落实不得进行施工。攀登和悬空高处作业人员以及搭设高处作业安全设施的人员，必须经过专业技术培训及专业考试合格，持证上岗，并定期进行体格检查。把好材料关，施工中所搭设的脚手架等操作平台必须坚固、可靠，满足有关规定的要求。施工中对高处作业的安全设施发现有缺陷及隐患时，必须及时解决；危及人身安全时，必须立即停止作业。

施工作业场所，所有存在坠落可能的物件，应一律先行撤除或加以固定；高处作业中所用的物料，均应堆放平稳，不妨碍通行及装卸；工具应随手放入工具袋；作业中的走道、通道板和马道，应随时清扫干净；拆卸下的物件及余料和废料应及时清理运走，不得任意乱置或向下丢弃；传递物件禁止抛掷；不得在同一垂直方向上操作，下层作业的位置，必须处于依上层高度确定的可能坠落范围半径之外，否则必须设置安全防护层；加强对高空作业人员安全态度教育和安全法制教育，提高其安全意识和自身防护能力，减少作业风险。

减少人的不安全行为，经常对从事高空作业人员进行健康检查，一旦发现有不安全行为，及时进行心理疏导，消除心理压力，或调离岗位；禁止患有高血压、心脏病、癫痫病等妨碍高空作业疾病或生理缺陷的人员从事高空作业。

进入施工现场的人员必须戴安全帽。安全帽必须符合国家标准且要正确佩戴，尤其是要系好帽带，防止脱落，使其在高处坠落或物体打击时起到保护作用。

5. 劳务用工安全管理措施

（1）强化对外施队人员的管理，用工手续必须齐全有效，严禁私招乱雇，杜绝跨省市违法用工。使用的外施队人员，必须接受建筑施工安全生产教育，经考试合格后方可上岗作业，未经建筑施工安全生产教育或考试不合格者，严禁上岗作业。

（2）外施队中的特种作业人员，如电焊工、气焊工、架子工等，必须持有原所在地（市）级以上劳动保护监察机关核发的特种作业证，并换领临时特种作业操作证，方准从事特种作业。在向外施队（班组）下达生产任务的时候，必须向全体作业人员进行详细的书面安全技术交底并讲解，凡没有安全技术交底或未向全体作业人员进行讲解的，外施队（班组）有权拒绝接受任务。

（3）参加现场施工的所有特殊工种人员必须持证上岗，并将证件复印件报项目部备案。

（4）外施队人员上岗前由安全部负责组织安全生产教育，授课时间不得少于24学时，安全生产教育的主要内容有：

1）施工现场安全生产的方针、目标以及相关政策、法规和制度；

2）施工现场安全生产的重要意义和必要性；

3）工程施工现场的概况；

4）建筑安装工程中施工安全生产的特点；

5）施工现场安全生产管理制度和规定；

6）建筑施工中因工伤亡事故的典型案例和建筑施工中高处坠落、触电、物体打击、机械（起重）伤害、坍塌等五大伤害事故的控制预防措施；

7）建筑施工中常用的有毒、有害化学材料的使用方法和预防中毒的知识。

（5）外施队人员上岗作业前，必须由外施队负责人（或班组长）组织本队（组）学习本工种的安全操作规程和一般安全生产知识。

（6）每日上班前，外施队负责人必须召集所辖全体人员，针对当天任务，结合安全技术交底内容和作业环境、设施、设备状况、本队人员技术素质、安全意识、自我保护意识以及思想状态，有针对性地进行班前安全讲解活动，并做好活动记录。

3.3 体育场装饰工程项目的资料管理

为确实保证深圳市体育中心装饰工程的整体性、有效性和一致性。必须在项目过程中做好统一资料收集管理工作。统一工程资料收集管理是确保工程质量的一项重要工作。在施工过程中，对工程资料的收集和整理应注意工程资料的全面性、可追溯性、真实性、准确性。

3.3.1 文字资料收集与管理

1. 工程资料的全面性

工程资料必须要有总目录、分册目录，页码清楚便于查找，装订整洁美观。从立项、审批、勘测、设计、施工、监理、竣工、交付使用，到工程资料报深圳市档案馆存档过程中，涉及众多的环节和众多的部门，要求工程资料齐全完整。装饰装修专业的相关资料应会同建设单位收集、整理一并归入工程档案，如有关计划、规划、土地、环保、人防、消防、供电、电信、燃气、供水、绿化、劳动、技监、档案等部门检测、验收或出具的证明。常见的有：公安消防部门对设计的审查意见书、工程验收意见书、消

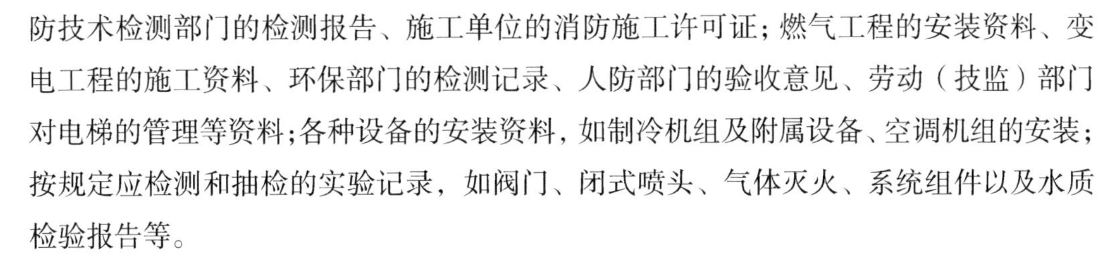

防技术检测部门的检测报告、施工单位的消防施工许可证；燃气工程的安装资料、变电工程的施工资料、环保部门的检测记录、人防部门的验收意见、劳动（技监）部门对电梯的管理等资料；各种设备的安装资料，如制冷机组及附属设备、空调机组的安装；按规定应检测和抽检的实验记录，如阀门、闭式喷头、气体灭火、系统组件以及水质检验报告等。

上述资料有的是前期管理资料，有的是施工中建设单位指定分包施工或者行业垄断施工的单位的资料，作为深圳市体育中心的其中一个专业分包单位，收集这些资料确存在一定的难度，但应尽全力保证工程资料必须是全面的、齐全的、完整的。

2. 工程资料的可追溯性

根据记载的标识，追踪实体的历史、应用情况和所处场所的能力。对于深圳市体育中心工程来讲，主要指的是：原材料、设备的来源和施工（安装）过程形成的资料，涉及产品的合格证、质量证明书、检验试验报告等。

材料进场时供应商提供的原件应归入工程档案正本，并在副本中注明原件在正本；提供抄件的应要求供应商在抄件上加盖印章，注明所供数量、供货日期、原件在何处，抄件人应签字。重要部位的使用材料应在原件或抄件上注明用途，使其具有追溯性，如设备运转记录应一机一表。设备安装的记录表格也不能只有一个试运转表格，安装各程序的情况均应进行记录，如设备基础验收、设备开箱检查、划线定位、找正找平、拆卸清洗、联轴器同心度、隐蔽工程等均不可缺少，这些资料在工程竣工的验收中都是必备的。对于用计算机采集、存储的数据及编制的报告和工程资料，必须有相关责任人亲笔签字，否则就失去了追溯性。

3. 工程资料的真实性、准确性

各种工程资料的数据应符合且满足规范要求，在施工过程中，检测人员应从严把关，真实地反映检验和试验的数据。同时邀请监理单位确认检验或试验的结果，并真实记录。

施工组织设计，要有质量目标和目标分解。专业施工方案，要结合该工程的实际进行布局，满足施工顺序、工艺要求，同时满足材料设备使用要求。

水、电、设备的隐蔽记录要与施工资料时间相吻合，要能表明隐蔽工程的数量与质量状况；均压环的设置也要纳入隐蔽记录，隐蔽记录要能覆盖工程所有部位。

绝缘记录要齐全，要能覆盖所有电气回路，回路编写要清晰，与图纸要能一一对应，零线与地线间绝缘值不能漏项。

4. 工程资料的签认和审批

各种工程资料只有经过相应人员的签认或审批才是有效的。施工组织设计、质量计划要经过相关部门会签和总工审批，要有监理单位和建设单位审核同意。重要的施工方案、作业指导书也要送监理单位确认。各种检验和试验报告签字要全，既要有操作者、质检员、工长或技术责任人的签字，又要有监理单位或建设单位代表签字。

5. 竣工档案的编制及验收

工程竣工档案应严格执行《深圳市建设工程竣工备案实施细则》《深圳市建设工程竣工档案编制验收及报送》规定的有关要求，强化竣工资料的日常管理和后期整理，按时移交满意的档案资料。

（1）工程技术资料的日常管理

工程技术资料日常管理贯穿于资料的生成、传递、使用、更改、作废五个环节，其流程如图 3-2 所示。

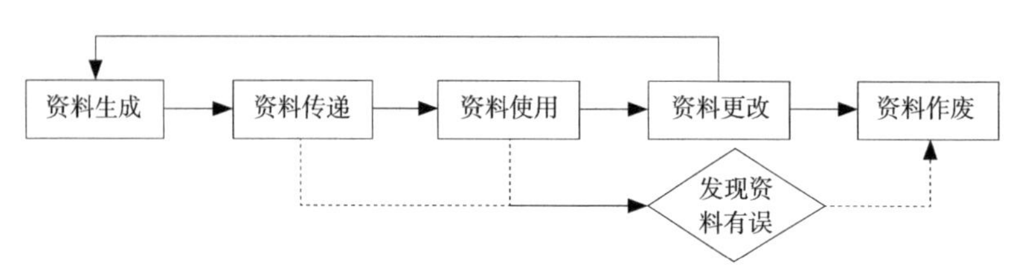

图 3-2　资料管理流程示意

（2）工程技术资料的后期归档

在工程临近竣工的阶段，即由项目技术负责人牵头成立竣工资料整理小组，明确各成员的职责分工，专门负责竣工资料的后期整理工作。邀请深圳市建设档案馆、深圳市建设工程安全质量监督总站有关专家、工作人员到场检查、指导竣工资料的整理工作，针对其提出的问题或建议，及时整改完善。

严把竣工验收关，对业主指定的分包商、独立承包商等各专业承包商单位编制的竣工图、文字资料、施工报告进行认真审查，着重检查隐蔽工程验收记录的真实性和工程设计变更单的落实情况。

认真审查竣工图及文字资料是否完善、准确，签证是否完备，组卷排列是否合理等，指导各专业施工单位整理工程资料，使其满足评优申报和档案接收要求。竣工资料提请监理单位和发包人在确认表上盖章确认，以证明竣工资料上的相关内容与该项目送审资料的实际内容一致。对整理装订成册的竣工资料编制总目录，并在每页的下方统一编号，以便查找；对记录、反映施工过程的一些影像资料、照片等刻盘备份，工程技术资料组卷及归档要求见表 3-2。

工程技术资料组卷及归档要求 表3-2

序号	项目	要求
1	立卷	（1）一个建设项目由多个单位（子单位）工程组成时，按单位（子单位）工程类别组卷。 （2）建设项目文件由前期阶段文件（立项、审批、招投标、勘察、测量、设计及工程准备过程中形成的文件）、施工阶段及验收阶段文件（工程竣工文件、竣工图、设备厂家资料、监理文件）、电子档案、影像档案四个部分组成。 （3）建设项目立卷的原则：前期阶段文件按建设项目的建设程序、专业、形成单位立卷；监理文件按合同项目、单位（子单位）工程立卷；施工阶段及竣工阶段文件按单位（子单位）工程、专业立卷，竣工验收文件按单位（子单位）工程立卷；声像档案按单位（子单位）工程立卷。 （4）竣工档案的案卷卷内文件必须按照竣工档案案卷目录名称表排列。凡表内未列入的项目文件材料，可根据文件材料的性质归类在后
2	归档质量要求	（1）不得使用圆珠笔、铅笔、红色墨水、蓝色墨水等褪色材料书写、绘制。 （2）所有盖章、字样要用不褪色、快干的红色印泥加盖。 （3）归档的竣工图应是新蓝图、有氨图（有氨晒图机出的图）。 （4）计算机出图必须清晰，不得使用计算机出图的复印件。 （5）设计变更单、洽商单、工程测量、审批单、施工报告、施工记录、施工图等永久保存的归档文件，以及编制档案案卷目录、卷内目录要用激光机打印。 （6）凡为褪色材料（如复写纸、热敏纸、传真件等）形成，并需要永久保存的文件，要附一份电脑扫描文件的激光机打印件。 （7）各类施工用表应用激光机打印或印刷，不得使用复印表格填报。 （8）纸质档案规格统一为A4幅面，案卷厚度要求文字材料一般不超过3cm，图纸不要超过4～5cm。同类文件页数多的，可单独组成一个或多个案卷，案卷题名不能同名，如属同一内容文件，分开组卷时，应以时间段、部位或图纸编号作区分标注。 （9）文字、图纸要分别组卷。图纸折叠成A4幅面，横向按手风琴式折叠，竖向按顺时针方向折叠，折叠后图标露在右下角
3	文件组卷编目	步骤：文件分类组卷（卷内文件排列→编页号→填写卷内目录→填写卷末备考表→填写案底封面）→填写案卷目录→装订入档案盒

3.3.2 影像资料收集与管理

1. 影像资料的要求

归档图片统一采用RAW规格，要求成像质量好，图像清晰、美观、画面完整，无技术和安全方面缺陷，照片上无划痕、污渍和磨损。照片要求300万像素以上；归档使用光盘，要求光盘质量良好，刻录文字、图形、画面清晰、稳定，声音清楚，光盘没有磨损、刮花、变形和断裂。

2. 影像资料的收集与管理

工程施工过程影像资料由各个相应责任人进行拍摄和整理收集，统一由资料员进行归类和管理，并建立库存文件和备份文件（可使用移动硬盘或刻录光盘），以防丢失。

（1）照片资料收集制作工作包含以下几个步骤：

1）照片筛选；

2）制作图片集封皮；

3）用A4纸打印照片名称，1张A4纸粘贴2张标准照片；

4）粘贴；

5）塑封。

（2）录像资料收集制作工作包含以下几个步骤：

1）工程概况；

2）工程的特点和难点及项目解决的措施；

3）工程“四新”的应用；

4）工程的质量管理措施；

5）工程取得的经济效益和社会效益。

第4章

体育场装饰工程创新技术应用

4.1 大理石复合板铺贴施工技术

4.1.1 研发背景及方向

随着人们对生活环境品质的追求越来越高，大理石材质的装饰面因质感柔和、格调高雅、美观庄重而受到越来越多的青睐。大理石属于天然石材，具有多种颜色和纹理，硬度高且不易变形，是一种高档的装饰装修材料。但其弱势在于，大理石板的出材率较低，耗费大量石材，成品笨重，运输量大，而且抗拉强度低，容易断裂，导致大理石板的市场价格较高。此外，大理石板的功能性也有待改善，例如隔声效果差、保温性能低等。深圳市体育中心项目在体育场门厅及大堂公区部分采用了天然大理石的地面铺贴的设计方案，基于本方案的效果和实际施工方案考虑，本项目应用了一项创新施工技术——大理石复合板铺贴施工技术（图4-1）。

图4-1　深圳市体育中心装饰工程门厅大堂地面大理石效果图

深圳市建筑装饰（集团）有限公司研发的大理石复合板铺贴施工技术，克服了现有技术中的缺陷，提供了一种经济环保、减振吸声的大理石复合板铺贴结构。大理石面层和花岗石基层可以通过本领域中任何合适的方式复合在一起，例如粘结。这样可以将大理石层做得更薄，节省大理石材料，降低生产成本。适用于酒店、办公、展厅、剧院、商业综合体、交通枢纽、住宅精装修等各类室内装修工程项目，尤其用于对楼地面有吸声减振、保温隔热需求的工程项目中效果更佳。

4.1.2 关键技术点及创新性

深圳市体育中心装饰项目应用的是大理石复合板铺贴施工技术，该铺贴结构由里及外包括水泥砂浆层、胶泥层、胶垫层、大理石复合板，具有以下特点：

（1）钢网砂浆层，增强整体性、提高承载力。

在楼板上铺设钢丝网后浇筑水泥砂浆层，增强楼地面的整体性，可以提高结构承载力，防止空鼓和开裂。钢丝网较为柔软，可以紧贴楼板表面。

（2）胶垫层，减振吸声、保温隔热、节能环保。

胶垫层可采用橡胶、硅胶、EVA（乙烯—醋酸乙烯共聚物）、PU、PVC 等材质，具有多个等间距的凹陷或贯穿孔，可以更好地与胶泥相结合。胶垫层不仅可以防止大理石复合板开裂，还可以减振、吸声、减小走路时的声音，同时起到保温隔热的作用，防止热量通过大理石复合板快速散失出去。

（3）胶泥层，粘结牢靠、耐水、耐火。

选自环氧树脂类胶泥、硅橡胶类胶泥和聚氨酯类胶泥中的一种或多种，使用胶泥铺贴大理石复合板可以增加粘结强度，不易形成空鼓，而且胶泥一般具有良好的抗下坠性能，无需浸砖，施工方便快捷，耐火、耐水性能好。

（4）大理石复合板，节省材料、降低成本。

包括大理石面层和花岗石基层，可以通过合适的方式复合在一起，例如粘结。这样可以将大理石层做得更薄，节省大理石材料，降低生产成本（图 4-2）。

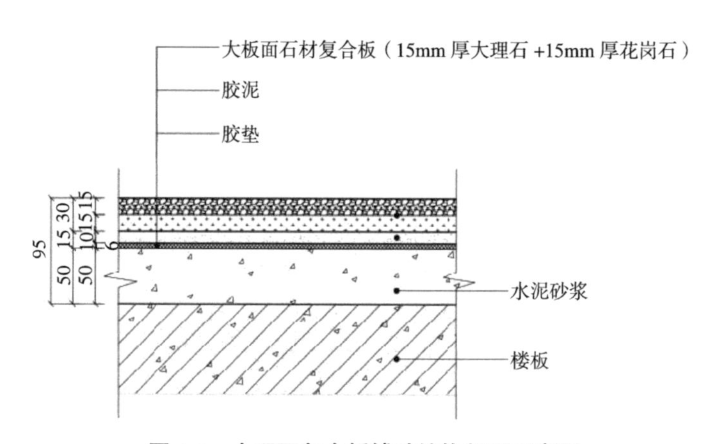

图 4-2　大理石复合板铺贴结构剖面示意图

本项技术的关键点是将较为贵重的大理石薄片与普通花岗石基层粘结复合，以节省大理石材料，降低生产成本。在采用水泥砂浆铺贴时，须在楼板上铺设钢丝网，以提高结构承载力，防止空鼓和开裂。为做到减振吸声、降噪及保温作用，铺设的胶垫层应具有多个凹陷或贯穿孔。

创新性在于研发的大理石复合板铺贴施工技术，克服了现有技术中的缺陷，提供了经济环保、减振吸声、保温隔热的大理石复合板铺贴结构。同时大理石层做得更薄，既节省大理石材料，又降低生产成本。

4.1.3 施工工艺流程

1. 施工工序

施工准备→测量放线定位→基层处理→铺设钢丝网→水泥砂浆找平层施工→铺设胶垫层→铺贴大理石复合板→养护及勾缝→检查验收。

2. 施工准备

将基层施工所需的水泥、黄沙、钢丝网、胶泥、胶垫等材料准备就绪，施工机具准备到位，工人通过三级安全教育、技术交底并考核合格，施工深化图纸通过审核。

3. 测量放线定位

施工前应先对现场进行考察，核实相关尺寸，根据设计图纸要求确定水平标高线、轴线控制线、分隔控制线、完成面线及起铺点，进一步测量相关尺寸，为面材排版、下单做好前置准备工作。

水平标高的确定：将总包单位移交的水平基准点引至施工区域，确定水平标高后，根据设计图纸，使用水平仪测量检查结构楼面平整度并确定地面完成面。

轴线控制线（一般为确定中心线）的确定：根据设计图纸及办理移交的轴线控制线，确定中心线，进一步测量相关尺寸，深化排版方案，做好下单准备工作。

分隔控制线及起铺点的确定：通过现场实际测量，结合设计图纸确定的深化排版图，确定分隔控制线及起铺点。

4. 基层处理

将地面上的杂质、污物、浮浆及落地灰等清理掉，再用扫帚将浮土清扫干净，裂缝和凹坑可以用水泥砂浆修补并磨平。

5. 铺设钢丝网

采用直径为 1～2mm 的钢丝网固定于地面基层楼板上，相邻钢丝网纵横向搭接不少于 100mm，并采用细钢丝有效绑扎连接，紧贴楼板表面满铺设（图 4-3）。

图 4-3　现场铺设钢丝网

6. 水泥砂浆找平层施工

在楼板上固定钢丝网后，地面应充分湿润，浇筑不小于 25mm 厚 1∶3 水泥砂浆层找平，砂浆应充分搅拌，均匀浇筑于楼面上，与钢丝网应充分结合、压实，增强楼地面的整体性，进而提高结构承载力，可有效防止空鼓和开裂（图 4-4）。

图 4-4　现场水泥砂浆找平

7. 铺设胶垫层

采用 6mm 厚橡胶、硅胶、EVA（乙烯—醋酸乙烯共聚物）、PU、PVC 等材质满铺设，胶垫层应具有多个等间距的凹陷或贯穿孔，且凹陷或穿孔率应控制在 20% ~ 30%。胶垫层在铺设前，须对基底做进一步清理，并根据胶垫层规格尺寸预先在地面弹好分格线，然后在找平层上滚涂一道薄而匀的底胶，底胶滚涂时，面积不宜过大，要随刷随贴，保证胶垫层粘结牢固。同时应注意：底胶涂刷应超出分格线 10mm 左右，滚涂厚度应小于 1mm，拼接缝控制在 2mm 左右（图 4-5）。

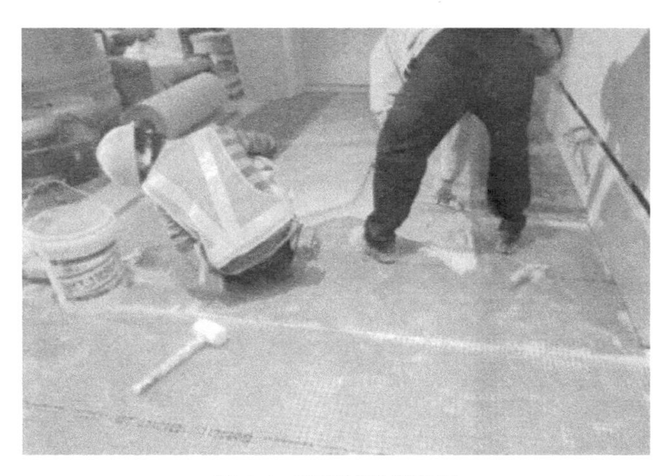

图 4-5　现场铺设胶垫层

8. 铺贴大理石复合板

弹线：在合格的胶垫层上弹出轴线控制线、十字控制线、地面完成面控制标高点，确定起铺点。

胶粘剂搅拌：首先按胶泥胶粘剂规定的水灰比，将清水加入干净的容器中，然后将胶泥干粉倒入，搅拌均匀至无结团膏状物。搅拌好的胶泥静置 3 ~ 5min，使用前再搅拌一次，使其发生充分的反应，使用效果更佳。搅拌时可使用电动搅拌器，水和干粉比例可因底材、天气、施工条件等不同而略作调整。

铺贴石材：粘贴石材时粘结面应刮涂一层高分子胶泥作为界面层，不要求有厚度，但不能留空白。用带齿抹刀在基层上摊铺胶泥，摊铺厚度通过试验，以石材揉实后粘结层控制在 5 ~ 7mm 为宜。缝隙宽度应控制在 2mm 左右，可用专用的塑料隔缝条控制缝宽。安放大尺寸石材时，应四角同时往下落，并用皮锤或木锤敲击，随时用水平尺和拉线调整水平度和缝隙。建议采用激光水平仪控制石材的水平度（图 4-6）。

图 4-6　现场铺贴大理石

9. 养护及勾缝

大理石复合板面层铺贴完应养护，养护时间不得小于 7d。当大理石复合板强度达到可上人时，进行勾缝，用同种、同强度等级、同色的专用勾缝剂。缝要求清晰、顺直、平整、光滑、深浅一致，缝色与大理石颜色一致或满足设计要求。

4.1.4 技术成果及社会经济效益

大理石复合板铺贴结构施工技术，成功地应用到深圳市体育中心装饰工程项目中，并取得了很好的铺贴效果和社会评价。总结本技术的特点，具备面向社会大面推广的实际价值。本技术的关键点是将较为贵重的大理石薄片与普通花岗石基层粘结复合，以节省大理石材料，降低生产成本。在采用水泥砂浆铺贴时，须在楼板上铺设钢丝网，以提高结构承载力，防止空鼓和开裂。铺设的胶垫层具有等距的凹陷或贯穿孔结构，具有减振吸声的效果，并且可防止热量被大理石复合板快速传导出去，从而起到一定的保温隔热作用，由此极大改善了大理石装饰面的功能性。本技术适用范围广，优势明显，在之后的同类装饰项目中具备较大的推广价值。

1. 技术成果

实用新型专利：一种大理石复合板铺贴结构（ZL 2017 2 0806806.9）；

广东省科技成果鉴定：大理石复合板铺贴结构施工技术达到国内先进水平。

2. 社会经济效益

结构稳定、经久耐用：本工法采用的胶泥层、胶垫层、水泥砂浆层和钢丝网等有助于防止空鼓、提高结构强度、防止大理石复合板开裂，从而延长了大理石复合板及整体结构的使用寿命，装饰质量得到进一步提升。

减振吸声、保温隔热：本工法中的胶垫层具有减振吸声的效果，并且可防止热量被大理石复合板快速传导出去，从而起到一定的保温隔热作用，由此极大改善了大理石装饰面的功能性。

节约成本、经济环保：本工法为获得更好的装饰效果，大理石复合板可以采用名贵大理石作为大理石面层，并以普通花岗石作为花岗石基层，由此可降低大理石面层的厚度，从而节约了成本和用料，更加经济环保，适合大范围推广。

大理石复合板铺贴施工技术除了在深圳市体育中心装饰项目中得到成功应用，华发珠海中心（办公酒店）、（瑞吉酒店）珠海十字门中央商务区会展商务区组团一期标志性塔楼（办公酒店）室内装饰装修一标段工程、低碳乐城室内装饰工程分包工程中也应用了此项施工技术，克服了现有技术中的缺陷，提供了经济环保、减振吸声、保温隔热的大理石复合板铺贴结构。既节省大理石材料，又降低生产成本。同时本项施工技术也仍有可以提升的方面，例如在之后的研究中，可继续研究大理石与新型材料的复合，在复合工艺、成本优化、轻便性、装配化方面做进一步研发，进一步提高效率、提升效益。

4.2　装配式整体卫浴施工技术

4.2.1　研发背景及方向

深圳市体育中心项目在体育场的套房卫生间采用了装配式整体卫浴，应用干湿分离式设计和补风设计，楼地面采用整体防水底盘，墙面为快装轻质隔墙，卫浴采用同层排水，各类水、电等设备管线设置在架空层内（图 4-7）。

图 4-7　体育中心装配式卫浴效果图

4.2.2　关键技术点及创新性

装配式整体卫浴是指在工厂用防水性高的材料、预制顶棚、浴缸、地板、墙壁等部件，再运送到施工现场组装成的浴室。

传统的浴室做法需要逐块地铺贴瓷砖，施工时间长，还有渗水漏水的可能，整体卫浴的出现杜绝了渗漏的缺点，因此在越来越多的装配式建筑装修中被采用。整体浴室的部件包括浴缸、墙壁面板、地板、水阀、花洒、镜子、收纳架、扶手、地漏、换气扇或浴室暖风干燥机等。

4.2.3　施工工艺流程

1. 施工工序

挡水坎施工→墙面找平→涂刷防水→同层排水→放置卫浴整体地面→墙面与防水底盘连接→过门石安装（图 4-8）。

图 4-8　卫浴整体地面安装

2. 挡水坎施工

根据图示长度由工厂直接确定尺加工成品，运输到现场，对号安装，挡水坝宽度为 250mm，单侧折边，折边沿地安装，采用磷化自攻丝钉于竖向 50mm 龙骨上，每根龙骨不少于 2 根。

3. 墙面找平

基层不平处须先抹平，有孔洞渗漏处须先进行堵漏处理，阴阳角抹成半径为 10mm 的均匀光滑圆角。

4. 涂刷防水

先在阴阳角、管根、地漏、排水口及出入口等易发生漏水的薄弱部位做附加层，并应夹铺胎体增强材料 40g/m^2 聚氨酯无纺布，且宽度不小于 300mm，搭接宽度不小于 100mm。施工时先涂一层聚氨酯防水涂料，再铺胎体增强材料，最后涂一层聚氨酯防水涂料。防水涂料沿墙面四周刷至结构面上 250mm 高，卫生间门口设置止水门槛，高 100mm，每次涂刷 0.8kg/m^2，多遍涂刷平面达到 1.5mm 厚度，立面达到 1.2mm 干固后及时隐蔽，保护层采用 2 mm 厚自流平水泥压盖。

5. 同层排水

安装同层排水管道，先准确定位排水口位置，避免日后整体地面安装错孔。同层排水安装验收合格后，将穿墙管洞砂浆封堵，表面抹平，二次补刷聚氨酯防水（图 4-9）。

图 4-9　同层排水施工节点图

6. 放置卫浴整体地面

地面与同层排水支管采用专用排水口法兰连接，整体地面采用 ABS 材质，翻边不少于 40mm，安装时采用结构胶粘结，梅花形点粘点间距 600mm，点径 30mm。整体地面水平，防止倒坡，保证地面压印槽排净地面水。

7. 墙面与防水底盘连接

PE 防水防潮隔膜与防水底盘粘贴搭接不小于 30mm，搭接处采用 20mm 宽蛇胶条粘且严密，形成整体防水防潮层。

8. 过门石安装

过门石定位于门槛中，粘于整体淋浴底盘上，保证下部垫实具有局部抗压能力，面标高大于两边地面 15mm。

4.2.4 卫生间快装轻质隔墙施工技术

1. 施工工序

弹线、分档→固定天地龙骨→固定边框龙骨→安装竖向龙骨→水电管路敷设→防水防潮隔膜铺贴→安装墙面板→接缝及护角处理（图 4-10）。

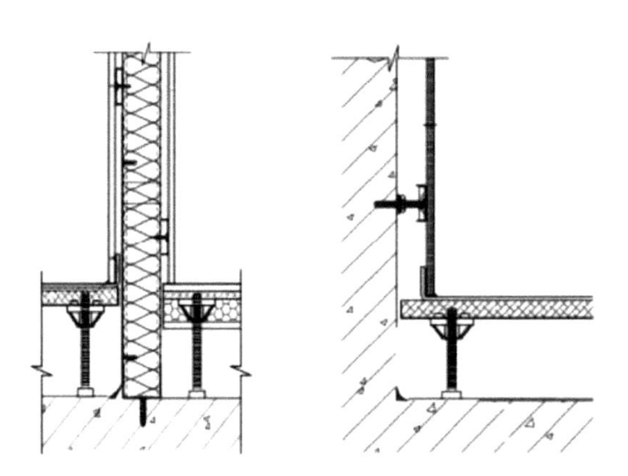

图 4-10 卫生间快装轻质隔墙剖面图

2. 弹线、分档

按设计图纸及材料参数确定弹线宽度，轻质隔墙弹 50mm 双线，且在结构墙地顶面全部闭合；之后弹出竖向 50mm 龙骨定位线、结构墙面 38mm 横龙骨的位置线以及门洞口位置线。

3. 固定天地龙骨

固定天地龙骨时，沿弹线位置固定天地龙骨，用 6mm × 30mm 塑料胀塞将其固定于结构面，固定点间距应不大于 600mm，龙骨对接应保持平直。

4. 固定边框龙骨

固定边框龙骨时，沿弹线位置固定边框龙骨，龙骨的边线与弹线重合。龙骨的端部固定牢固，固定点间距应不大于 600mm。

5. 安装竖向龙骨

竖向龙骨安装于天地龙骨槽内，安装应垂直，龙骨间距不大于 400mm。竖向龙骨两侧水平安装横向龙骨。基层为混凝土墙的横龙骨，根据图纸和现场结构墙体偏差确定空间尺寸，于墙面阴角处用墨斗竖向弹线，完成后复查，检查无误后开始安装，安装时用丁形胀塞调节净距，在固定点将直径 10mm、长 40 ~ 60mm（根据墙体偏差采用）的胀塞植入，穿过横龙骨拧入镀锌 5mm × 40mm 配套螺栓，间距不小于 400mm，端距 100mm。过程中用靠尺和线坠检查平整度和垂直度。

6. 水电管路敷设

水电管路敷设时，要求与龙骨的安装同步进行，且应固定牢固。在墙中敷设管线时，应避免切断横、竖向龙骨。接线盒口定位于墙面板背齐平，配水点带座弯头端口凸出完成面 3mm。

7. 防水防潮隔膜铺贴

PE 防水防潮隔膜铺贴及横龙骨安装时，应沿墙面横向铺贴 PE 防水防潮隔膜，铺贴至结构顶板板底，底部与防水底盘粘贴；横向龙骨采用丁字形胀塞固定，防水隔膜穿孔处加防水胶垫。

8. 安装墙面板

包覆板均为竖向铺设，标准板为 890mm × 2510mm，其他尺寸根据排版图进行优化。包覆板采用硅酮结构胶与轻钢龙骨进行点粘，单板于每根横龙骨不少于 1 个粘结点，单点粘结后面积不小于 40mm × 40mm。面板粘贴后及时用靠尺检查平整垂直，包覆板底标高低于完成面 8mm，落在地暖模块上。

9. 接缝及护角处理

包覆板间隙采用密拼工艺，板缝间插接专用铝型材，后期无需处理。包覆板阳角均采用密拼钻石阳角铝型材收边，矩形阳角平齐于墙面。

4.2.5 技术成果及社会效益

装配式内装整体卫浴，采用集成式模块化设计，构件生产标准化、批量化，安装方便快捷，抗渗漏效果好，后期维护便捷，与传统装修对比，优势显著。通过在深圳市体育中心项目装饰工程的应用，总结积累了装配式内装整体卫浴的施工工艺及经验，可供同类工程参考借鉴。

4.3　装配式钢结构转接件施工技术

4.3.1　研发背景及方向

深圳市体育中心项目在体育场的套房卫生间采用了装配式整体卫浴，应用干湿分离式设计和补风设计，楼地面采用整体防水底盘，墙面为快装轻质隔墙，卫浴采用同层排水，各类水、电等设备管线设置在架空层内。

随着近年来国内建筑行业的蓬勃发展，钢结构建筑因其自重较轻，且施工简便，广泛应用于大型厂房、场馆、超高层等领域，但钢结构容易锈蚀，一般钢结构要除锈、镀锌或涂料，且要定期维护。所以针对钢结构所研发适配的装饰转接件也层出不穷。深圳市体育中心作为当地的大型体育场馆综合体项目，建设方对项目品质的要求极为严格，要求我司从工艺、材料、质安等多方面精益求精，保证高质量竣工。在保证施工品质要求的基础上，公司项目部在该项目中研究使用了一种装配式钢结构组合转接件施工技术。

4.3.2　关键技术点及创新性

钢结构体系具有自重轻、安装容易、施工周期短、抗震性能好、环境污染小等一系列综合优势，但钢材自身的力学性能在高温环境下却难以维持，受热之后的钢结构抗弯抗压性能都会急剧下降，导致建筑结构坍塌，造成巨额损失。由于一般的结构钢梁上均设有防火涂料层，对比传统的转接方式需要在钢结构上打孔，不仅破坏钢结构的防火涂料层，还可能降低其设计荷载性能，影响其结构稳定性，使安全性能下降。

由此可见，钢结构建筑的防火性能是其建筑安全的重中之重，在钢结构施工完成后会在其表面喷涂一层 15 ~ 30mm 的防火涂层，这层涂层直接决定了其结构自身的耐火极限，所以本次研究内容正是为钢结构建筑所设计的一种装配式后置组合转接件，该转接件可以在保护钢结构自身防火涂料层不被破坏的同时还能保持钢结构自身的完整性，不破坏其设计荷载值。

本项目研究的装配式后置组合转接件由 H 形抱箍件和 C 形连接件组成。H 形抱箍件内含一块 5mm 钢板，一块硬质橡胶垫。C 形连接件由槽钢加工而成，上端连接 H 形抱箍件，下端开有等距键槽。本装配式后置组合转接件施工技术是在不破坏原有钢结构梁架稳定性和防火涂层的情况下，将顶面施工结构层和建筑原有钢结构层有效连接起来的施工技术（图 4-11）。

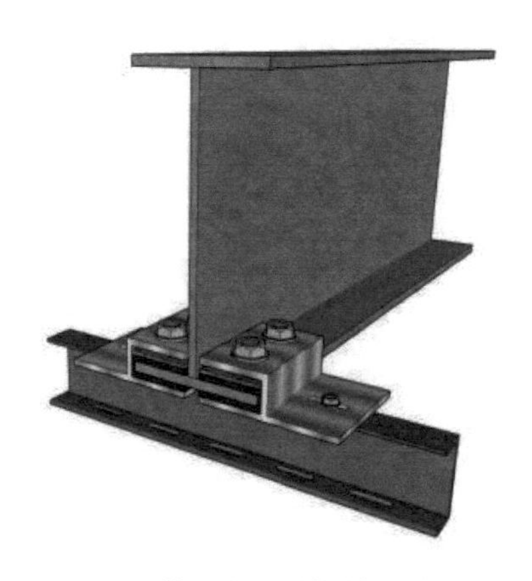

图 4-11　装配式钢结构转接件示意图

装配式后置组合转接件施工技术具有如下创新性：

（1）机械连接，结构稳定。

本装配式后置组合转接件为避免在原有钢结构上穿孔或焊接，破坏钢架结构的荷载设计值，保护钢梁表面防火涂层，将一对 H 形抱箍件卡接在 H 型钢下端翼板的左右两侧。每个抱箍件的上截面平行开设两个 $\phi 10$ 的螺纹孔洞，通过全牙螺栓将抱箍件固定在 H 型钢梁下端，方便下方转接结构连接。

（2）橡胶垫片，缓冲保护。

在 H 形抱箍件与 H 型钢下翼板抱箍连接时，由于钢板与钢板之间采用硬质连接，原有钢架结构上的防火涂料层势必受到破坏，为了避免破坏防火涂层，在 H 形抱箍件内粘贴一圈硬质橡胶垫作为接触面缓冲材料，同时为了增大螺栓与 H 型钢翼板的接触受力面积，均摊压强，在上侧橡胶垫上方加入一块尺寸与 H 型钢翼板尺寸相同的 5mm 厚镀锌钢板，在满足防火涂料层的保护需求的同时优化结构受力（图 4-12）。

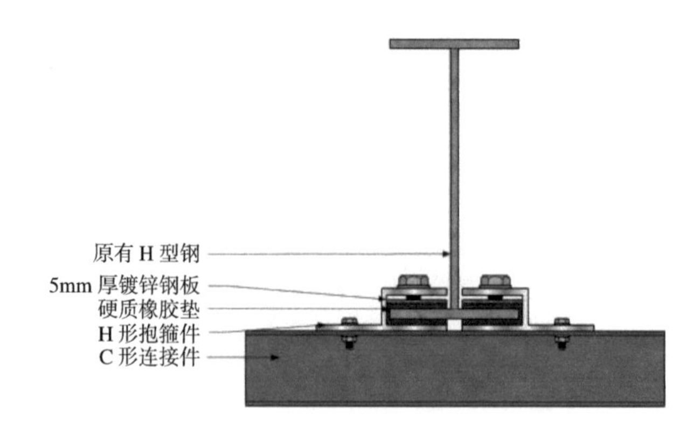

图 4-12　装配式钢结构转接件剖面图

（3）构件简单，吊装灵活。

H形抱箍件的下部同样通过螺栓连接C形连接件，C形连接件采用槽钢加工而成，槽钢下檐口开等距键槽，用以转接下方吊杆或吊顶结构，在结构稳定的同时方便调节吊杆间距、龙骨方向，适用各种尺寸或吊装形式的吊顶。

（4）工厂预制，安装便捷。

本装配式后置组合转接件由工厂预制加工而成，现场安装仅需要螺栓固定即可，且可满足多人同时施工作业，且该转接件的组成构件结构简单，便于工厂批量生产和现场安装，提高整体施工效率。

4.3.3 施工工艺流程

1. 施工工序

深化设计→工场预制加工→现场作业准备→安装H形抱箍件→安装C形转接件→高强度螺栓紧固→连接下端转换层或吊装结构→检查验收。

2. 深化设计

根据现场型钢尺寸，深化本装配式后置组合转接件的长宽及槽口尺寸。H形抱箍件开孔尺寸有如下要求：

与钢结构梁架连接的螺栓采用ϕ10的全牙螺栓，故H形抱箍件上部开孔为10mm；与C形连接件连接的螺栓采用ϕ5的全牙螺栓，故H形抱箍件下部及C形连接件的顶部开孔为5mm。

3. 工厂预制加工

前端工厂根据图纸所设计的形状、尺寸、材料和数量批量生产C形转接件和H形抱箍夹具及配套螺栓螺母。

4. 现场作业准备

检查现场钢结构梁架，保证安装装配式后置组合转接件前所有钢结构梁板完成防火涂料施工，并符合相应防火设计规范。

5. 安装H形抱箍件

通过高强度螺栓连接H形抱箍件和钢结构翼板。

6. 安装C形转接件

通过高强度螺栓连接C形转接件和H形抱箍件。

7. 高强度螺栓紧固

检查转接件上的高强度螺栓螺母，进行螺栓紧固确认。

8. 连接下端转换层或吊装结构

在C形转接件下端预留键槽处可进行下端吊杆或吊装结构的连接。

9. 检查验收

检查转换层结构稳定性，检查钢结构防火涂料层是否被破坏（图 4-13）。

图 4-13　装配式钢结构转接件

4.3.4　技术成果及社会效益

钢结构建筑的防火性能直接决定了其结构自身的耐火极限，该装配式后置组合转接件施工技术避免了在结构梁上打孔，破坏结构梁完整性和防火涂层，降低其安全性能的钢结构吊顶施工技术痛点，具有社会应用推广价值。

该装配式后置组合转接件结构，通过高强度螺栓进行机械连接，避免焊接和粘结施工，在提高施工效率的同时兼具经济性。该装配式后置组合转接件所使用的 H 形抱箍件和 C 形连接件均可按照所需形状和尺寸在工厂中预先加工制造，然后运至现场固定安装即可，操作快捷方便，施工速度高，可有效缩短施工周期。

综上所述，该装配式后置组合转接件施工技术具有良好的社会经济效益，值得大力推广。

4.4　更衣室冷水池施工技术

4.4.1　研发背景及方向

深圳市体育中心的另一个亮点是场馆为每一个运动员更衣室都配备了冰水池，即为运动员赛后专门提供最佳康复和复原环境的水温水池。水池预配有冷却及过滤系统。冷水池的冷却系统可将水温保持在 10℃，帮助控制关节炎症，加快肌肉恢复。深圳市体育中心项目的冷水池为自承、自立式水池，安装在室内结构楼板的上下。水池使用专业玻璃纤维制造，表面再覆以瓷砖，该水池具有优质的保冷、隔热效果，且极为美观。

冷水池的装饰色彩与体育场主客队更衣室色调一致，为红蓝配色（图 4-14）。

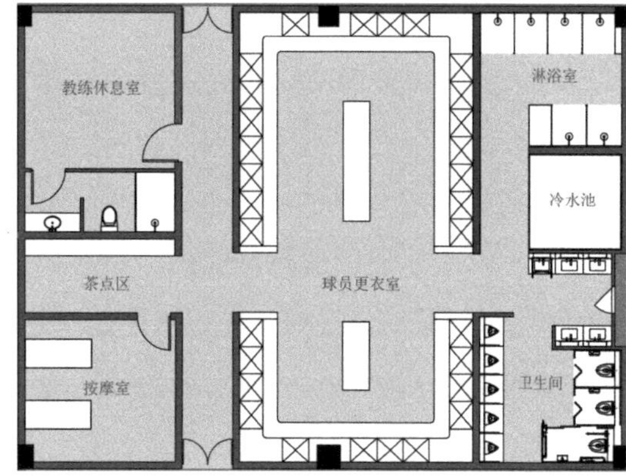

图 4-14　更衣室冷水池

4.4.2　关键技术点及创新性

1. 冷水池陶瓷锦砖做工精良

冷水池使用的陶瓷锦砖选料严格，并且经过高温制作而成，它的表层釉面厚，看起来更加美观，使用过程中更加耐磨，胎底的颜色也非常均匀，用它来铺贴泳池，整个泳池的外观更加靓丽、可观。

2. 冷水池抗应力强度优秀

冷水池采用独特的燕尾槽结构，让游泳池陶瓷锦砖和建筑基底粘贴得更加牢固，不容易出现脱落松动的情况，而且陶瓷锦砖所独有的超强抗应能力，让使用陶瓷锦砖铺贴的冷水池，在遇到各种破坏的情况下，也能有出色的抗压能力。

3. 冷水池的材料适应性强

游泳池陶瓷锦砖，经过特殊的工艺制作而成，产品本身对各种酸碱度的要求极低，无论水质如何，这种游泳池陶瓷锦砖都能轻松应对。

4.4.3　施工工艺流程

1. 施工工序

基层处理→清除水泥浆粘结层→铺设水池的陶瓷锦砖→破损毛边的修补→养护。

2. 基层处理

涂刷界面处理剂后，应将平整的水泥地面凿开或冲洗干净。含油地面应刷 10% 浓度的煤油水，然后用水冲洗，基坑应彻底擦洗，再刷砂浆，以弥补混凝土表面的粗糙度，清除砂浆皮，扫去灰尘，用水冲洗干净。对于松动的基座，清除松动部分，进行清理加固处理，对于游泳池，也要做好多层防水处理。

3. 清除水泥浆粘结层

在干净的表面上均匀地洒上水，然后用扫帚把水灰比为 0.5 的水泥浆均匀涂刷。

4. 铺设水池的陶瓷锦砖

对于铺设的水池，应找好正方形，在正方形内按垂直线和水平垂直线，根据施工细节计算出水池所需的陶瓷锦砖数量，如果不足一整块应扔到边上，可用纸刀垫在木板上并切成所需尺寸的一半或不足一半的条状铺设，以保证边缘的质量与大面一致，用瓷砖胶将水池铺设成陶瓷锦砖，沿着控制线从里到外（也可以丢边铺设，如果两个房间相连也可以从门口铺设）。水池是采用双胶法，也就是在湿平面上刮上 2mm 的水泥浆或胶水浆。

同时，在水池陶瓷锦砖的背面也刮上一层 1mm 厚的水泥浆，必须把所有的瓷砖缝刮满，立即把泳池陶瓷锦砖按照标尺边缘的弹性线定位，准确贴切。调整好平整度后，用木屑拍平、拍实，并经常检查平整度和水平度、垂直直线度。

5. 破损毛边的修补

整个房间铺好后，在瓦片上面放一块大平板，以分散瓦片上的压力。操作人员站在平台上对边缘和角落进行修补，并对瓷砖地板与其他地板之间的连接处进行修补，确保连接处的直线和美观。通过擦拭接缝处进行灌浆及时检查接缝处是否平整。对于不平整或不直的接缝，用小规模的钢刀轻轻压平、拉直，先拨垂直接缝，再拨水平接缝。然后用硬桨敲打砖块。对于接边、实边和平边遇到颗粒的现象，立即补上胶水。在地漏和水槽周围的管道上铺设陶瓷锦砖，进行预试验。铺设后用核桃钳剪成合适的形状，使管口与陶瓷锦砖吻合、美观，接缝处的缝隙不得大于 5mm。将接缝处拉平，轻轻扫去表面残留的浆液，摩擦接缝和灌浆处开槽后的第二天或水泥浆粘结层凝固后，用与水池陶瓷锦砖相同颜色的水泥浆擦拭接缝处。用棉纱从里到外擦拭接缝处，应有浆液。或用 1 : 2 的细砂水泥浆进行灌浆，随后，将瓷砖上剩余的灌浆料擦拭干净，并撒上干灰，将表面彻底清洁，泳池陶瓷锦砖地板，最好是整个房间连续铺上，并在水泥浆粘结层最后凝结前完成接缝，清理干净。

6. 养护

泳池陶瓷锦砖地板应在 24h 内擦拭干净，并应在室温下保持 4 ~ 5d 后达到一定强度。

4.4.4 技术成果及社会效益

大型体育场馆在运动员更衣室配备冷水池是在 2008 年北京奥运会过后，才逐渐走进人们的视野，冰水浴的主要作用是消除运动员身体的肌肉疲劳，也就是将运动员的全身侵入冰水中，这时运动员的血管会受到冷水刺激而收缩，利用肌肉的收缩使身体肌肉血液中的乳酸和其他新陈代谢废物排出，从而恢复全身肌肉活性，同时冰水浴可以冷却大部分肌肉群，从而减少关节肿胀和抑制各关节组织发炎，以及减

少器官的破坏。

深圳市体育中心为了让运动员感觉方便好用，在项目立项初期，工程管理团队与国内外运动专家反复深化设计，从冷水池材料的选用，到优化尺寸舒适度、池壁高度，全部调整到位才开始现场施工，确保得到广大运动员的肯定，紧跟新时代大型综合体育场馆提出的需求与发生的变化，适合在之后的同类型场馆中大力推荐。

第5章 体育场装饰工程质量通病及预防

5.1 体育场装饰工程地面质量通病

5.1.1 水泥自流平地面开裂

1. 通病原因分析

（1）水泥自流平材料质量不合格。

（2）施工环境温度控制不当。

（3）基层质量不符合要求，存在起砂、开裂等情况。

（4）基层界面处理剂配合比不当，搅拌不均匀、涂刷厚度不一，且裂缝处未进行加强处理。

（5）水泥自流平搅拌不均匀、厚度不足或未设置伸缩缝。

（6）水泥自流平未进行消泡处理。

（7）水泥自流平施工后养护不到位。

通病案例如图 5-1 所示。

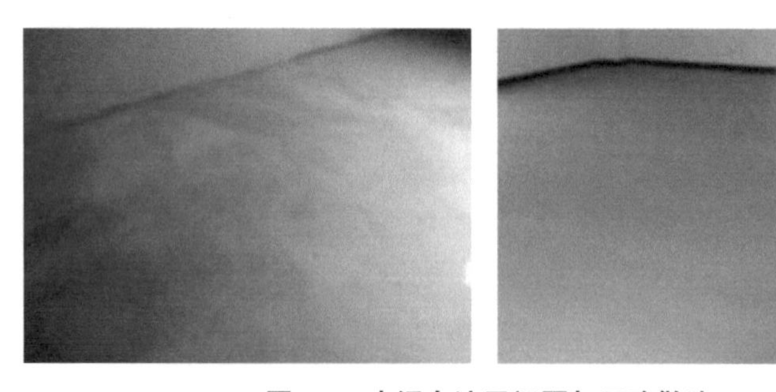

图 5-1 水泥自流平问题与正确做法

2. 预防 / 解决通病措施

（1）水泥自流平、界面剂等材料均应符合相应的质量标准要求。

（2）施工环境温度应控制在 5 ~ 35℃，低于 5℃时应及时采取提高环境温度的措施。

（3）基层应平整、粗糙、干净、密实，表面不得有浮灰及明水，基层含水率应小于等于 8%。起砂地面应采用地固处理剂或混凝土硬化剂进行处理。

（4）自流平施工前应对基层进行界面处理，界面剂应按照配合比要求使用机械搅拌器搅拌均匀，裂缝处使用低碱网格布进行加强处理。

（5）水泥自流平应按照厂家规定的配合比搅拌均匀。当用于地面找平层时，厚度不应小于 2mm；当用于面层时，厚度不应小于 5mm。当施工面积过大时，可在 10m × 10m 范围内留伸缩缝防止开裂，缝宽 5 ~ 8mm（图 5-2）。

（6）水泥自流平施工后应使用滚筒进行消泡处理，刮抹和消泡的施工人员必须穿上钉鞋。

（7）施工完成后应做好现场的封闭保护，房屋门窗应封闭，避免穿堂风，防止过快风干引起开裂。如现场无法封闭，可覆盖塑料薄膜养护。

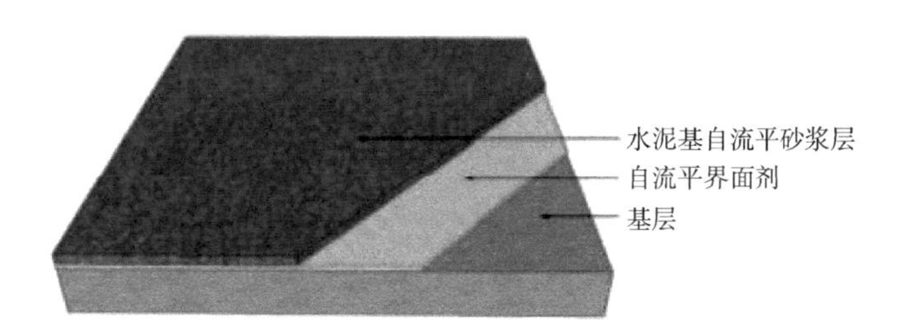

图 5-2　水泥自流平构造示意图

5.1.2　地面大理石空鼓开裂

1. 通病原因分析

（1）大理石自身材质疏松，暗裂缝较多。

（2）石材板幅过大（大于 800mm × 800mm）、厚度过薄（小于 20mm），且未做加强处理。

（3）填充层厚度不足，未设置伸缩缝，钢筋网片设置不合理。

（4）粘结层强度不符合规范要求。

（5）大面积铺贴疏松材质石材，且砂浆粘结层过厚，由于砂浆层开裂，带动石材开裂。

（6）石材基层砂浆不实、空鼓，踩踏后发生断裂、产生裂缝。

通病案例如图 5-3 所示。

图 5-3　地面大理石空鼓问题与正确做法

2. 预防 / 解决通病措施

（1）石材性能检测，选择合适的石材及相应的施工工艺。

（2）板幅过大，厚度过薄的石材应采用加强处理。针对暗裂纹较多的石材应在石材厂进行背筋背胶增强处理。

（3）石材铺贴时基层应平整、坚实、无空鼓现象，防止踩踏后增加裂缝。

（4）砂浆粘结层厚度不应大于 30mm，降低由于砂浆层开裂引起的面层石材开裂。

（5）石材铺贴后做好成品保护，3d 内严禁上人，7d 内严禁重载，铺贴 14d 后再进行清缝、填缝。

（6）石材预留不小于 1mm 的板缝，采用柔性填缝剂填缝；每隔 6 ~ 8m 应设置 8 ~ 10mm 伸缩缝；在墙、柱四周预留 10mm 左右的伸缩缝，并用踢脚线遮盖（图 5-4）。

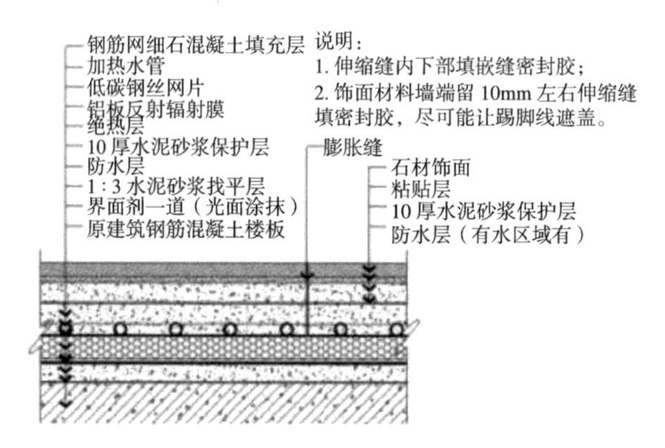

图 5-4　地面大理石铺贴示意图

5.1.3　地面大理石返黄返碱

1. 通病原因分析

（1）石材未做六面防护或防护处理不到位，在水和空气作用下，容易氧化形成返黄现象。

（2）施工过程中石材切割后或背网铲除后，未补刷防护剂。

（3）施工过程管控不到位。

（4）后期维护保养不到位，使用中用湿水拖地，导致石材病变。

通病案例如图5-5所示。

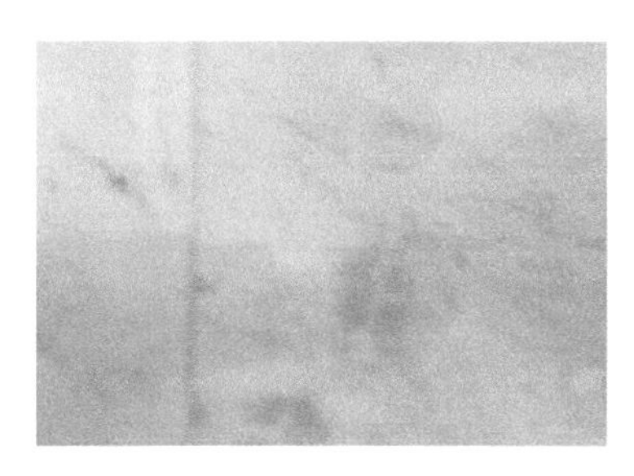

图5-5　地面大理石返黄返碱问题与正确做法

2. 预防/解决通病措施

（1）下单前应探明石材库存，防止因货源不足而采用多个矿山的石材，最终产生色差。

（2）石材加工切割后应确保彻底干透后再做六面防护处理，石材底面涂刷油性防护后还应采用水泥基背胶或背砂，防止粘结空鼓。

（3）加强石材成品检查（光泽度、平整度、厚度、强度等），石材进场后应光面相对，静置5～7d，使其应力充分释放。

（4）施工过程中石材切割后或背网铲除后，应在切割面涂刷同种防护剂。

（5）施工前应进行基层含水率检测，石材铺贴应使用白色水泥或专用胶粘剂，不得使用普通黑水泥。铺贴14d后再进行清缝、填缝，使水泥砂浆中多余水分充分挥发。

（6）石材铺贴后不得立即进行封闭保护，应采用透气性材料进行成品保护。

（7）后期使用中不得使用湿水拖地，应使用尘推进行维护。

（8）若已出现返黄现象，可采用石材清洗剂铺贴处理，并重新进行渗透型油性防护处理（图5-6）。

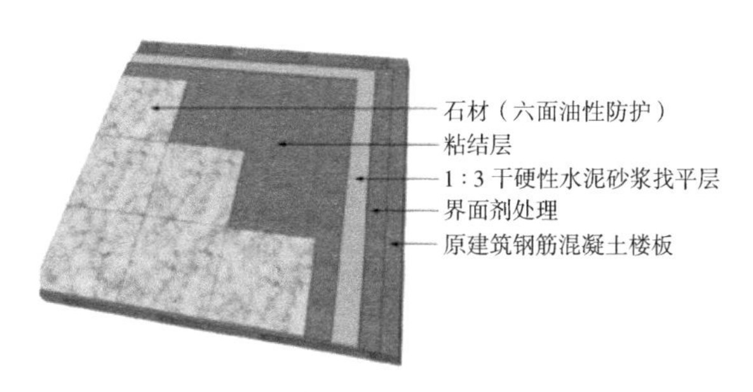

图5-6　地面石材铺贴示意图

5.1.4 PVC 地胶铺贴起鼓

1. 通病原因分析

（1）基层强度、平整度不足。

（2）基层局部未清理干净，导致局部粘贴不牢固。

（3）施工时地面含水率高，完工后水汽挥发导致地胶起鼓。

（4）施工时温度过低，导致胶粘剂不干，使地胶和地面无法牢固粘结。

（5）胶粘剂未均匀涂布，厚薄偏差过大。

通病案例如图 5-7 所示。

图 5-7　PVC 地胶铺贴起鼓问题与正确做法

2. 预防 / 解决通病措施

（1）基层表面应平整、坚硬、干燥、密实、洁净、无油脂及其他杂质，不应有麻面、起砂、裂缝等缺陷。

（2）使用含水率测试仪检测基层含水率，含水率应小于等于 8%。若基层潮湿，可采用暖风机、吸湿机等设备辅助吹干。

（3）基层裂缝应采取修补措施，铺贴前对地坪进行吸尘清洁。

（4）地胶应在现场放置 48h，使材料温度与施工现场基本保持一致。

（5）地胶铺贴时环境温度不得低于 5℃，不得高于 30℃。相对湿度应保持在 20% ~ 75%。

（6）地胶背面及基层表面均匀涂刷胶粘剂，不得漏涂，也不得涂刷过厚。

（7）地胶铺贴后，先用软木块推压地胶表面进行平整，并挤出空气。随后用 50kg 或 75kg 的钢压辊均匀滚压地胶，并及时修整拼接处的翘边。地胶表面多余的胶粘剂应及时擦拭干净（图 5-8）。

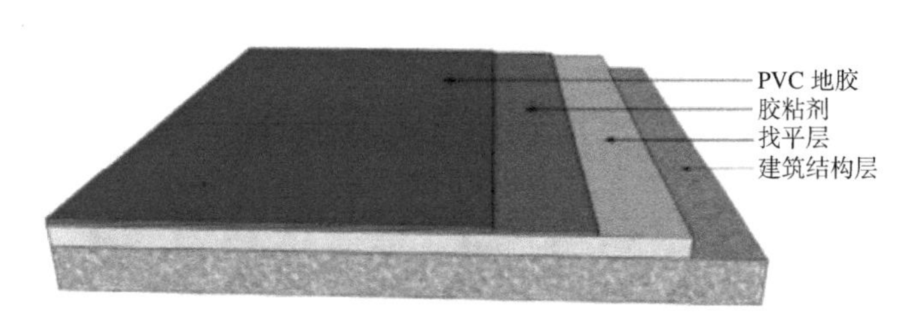

图 5-8　PVC 地胶铺贴示意图

5.2　体育场装饰工程吊顶质量通病

5.2.1　吊顶板块变形缝开裂

1. 通病原因分析

（1）未按设计要求预留合理的伸缩缝。

（2）吊顶施工中各专业工种工序安排不合理，未做好完成工序的成品保护。

（3）虽然龙骨断开，但石膏板未断开设置伸缩缝，导致整体腻子和涂料出现不规则开裂。

通病案例如图 5-9 所示。

图 5-9　吊顶板块变形缝开裂问题与正确做法

2. 预防 / 解决通病措施

（1）吊顶的伸缩缝应符合设计要求，当轻钢龙骨纸面石膏板吊顶面积大于 $100m^2$ 时，纵、横方向每 12m 左右宜设置伸缩缝，伸缩缝采用活板收口工艺做法。

（2）吊顶施工中各专业工种应合理安排工序，保护好已完成工序的半成品及成品。应做好前期图纸排版深化，避免面板安装完毕后裁切龙骨。需要切断次龙骨时，须在设备周边用横撑龙骨加强。

（3）次龙骨间距应准确、均衡，按石膏板模数确定。在潮湿地区或高湿度地区，次龙骨间距不宜大于 300mm。

（4）面板的安装固定应从板的中间开始，然后向板的两端和周边延伸，不应多点同时施工，相邻的板材应错缝安装。

（5）满批腻子或涂料施工时，应注意不能将伸缩缝断开部位粘合在一起（图 5-10）。

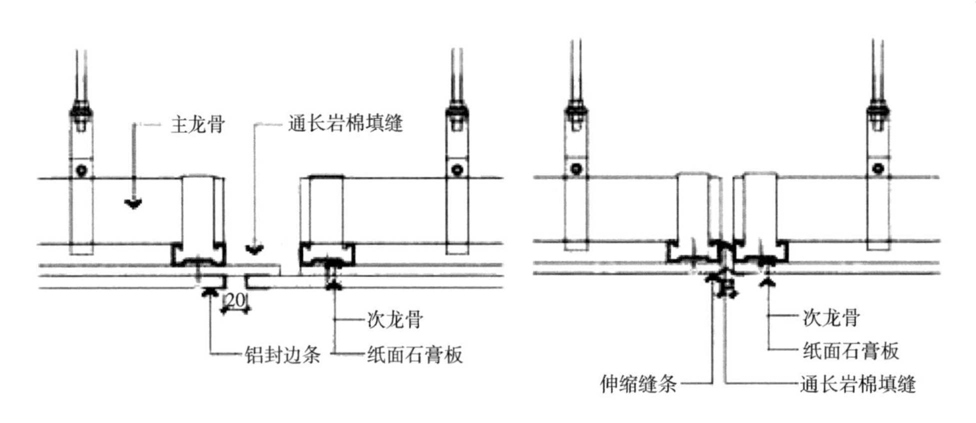

图 5-10　双层石膏板与单层石膏板伸缩缝节点

5.2.2　吊顶反支撑与转换层

1. 通病原因分析

（1）吊杆长度超过 1.5m 未设置反支撑。

（2）吊杆长度超过 2.5m 未设置转换层。

2. 预防 / 解决通病措施

（1）根据现行行业标准《公共建筑吊顶工程技术规程》JGJ 345 的规定，当吊杆长度大于 1500mm 时，应设置反支撑。当吊杆长度大于 2500mm 时，应设置钢结构转换层。

（2）反支撑间距不宜大于 3600mm，距墙不应大于 1800mm。反支撑应相邻对向设置。

（3）吊杆、反支撑及钢结构转换层与主体钢结构的连接方式必须经主体钢结构设计单位审核批准后方可实施。

5.2.3　过顶石安装

1. 通病原因分析

（1）石材自重过大，未使用蜂窝石材等轻质材料替代。

（2）石材吊挂部位未进行加固处理。

（3）单块石材板幅过大。

（4）安装连接方式错误，未采用背栓安装方式。

通病案例如图 5-11 所示。

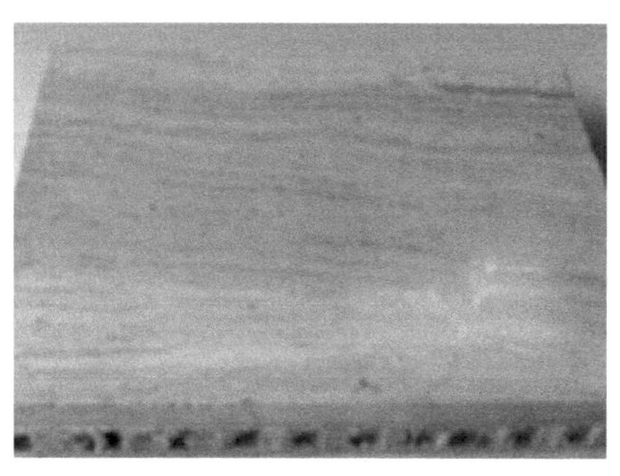

图 5-11　过顶石安装脱落问题与正确做法

2. 预防 / 解决通病措施

（1）石材饰面吊顶不应采用天然石材，宜使用蜂窝石材轻质材料。

（2）当梁底只能选用饰面石材面板时，宜采用背栓通过连接件将石材面板安装到结构或钢骨架上，并采取防石材坠落措施。背栓连接点间距应符合设计要求，且不应大于 600mm。

（3）石材铝蜂窝复合板做室内吊顶时，吊顶分块尺寸宽度不宜大于 1.2m，长度不宜大于 2.4m，石材铝蜂窝复合板厚度不宜小于 15mm。

（4）石材铝蜂窝复合板吊顶宜采用专用铝合金型材龙骨和专用异型螺母预埋件，次龙骨挂点间距不应大于 1000mm，每块板上挂点均不应少于 4 个，挂点处的异型螺母应在工厂完成预埋。

（5）内置异型螺母埋件不得在现场开孔植入，应在工厂预先埋入，异型螺母中心距板边不得大于 100mm，两异型螺母中心间距不得大于 400mm，边长大于 600mm 时应增加异型螺母挂点。

（6）石材铝蜂窝复合板吊顶宜留板缝，长边板缝不宜小于 4mm，短边板缝不宜小于 2mm（图 5-12）。

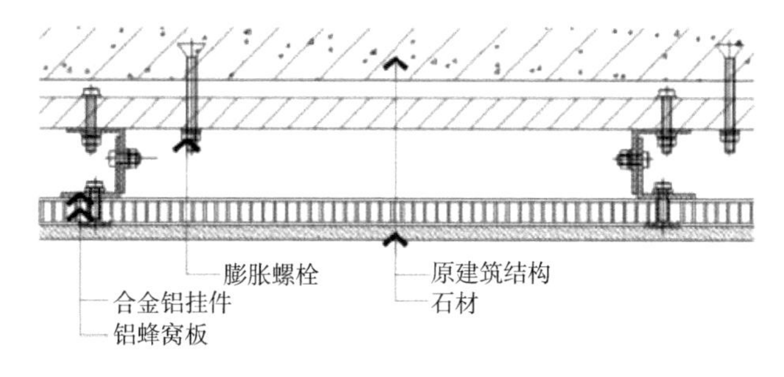

图 5-12　顶面蜂窝石材干挂示意图

5.3 体育场装饰工程墙面质量通病

5.3.1 消火栓暗门开启闭合角度问题

1. 通病原因分析

（1）没有选择可以开启角度大于 160° 的暗门合页。

（2）在制作消火暗门时合页安装不到位。

（3）消火箱门扇存在变形现象。

（4）未设置门锁或闭门装置。

（5）门轴安装偏位或门扇侧边与内部基层空间不足。

通病案例如图 5-13 所示。

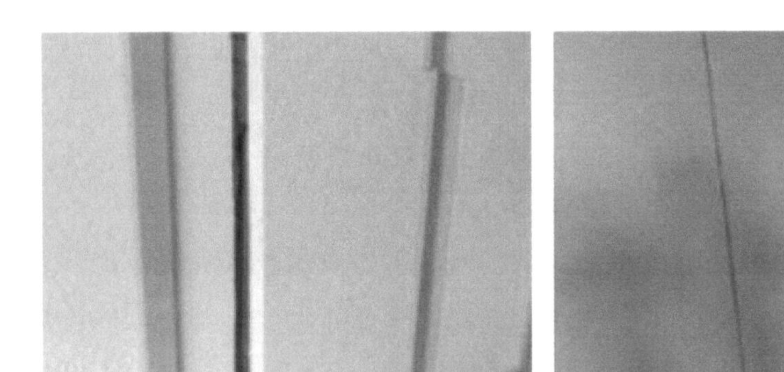

图 5-13 消火栓暗门开启闭合问题与正确做法

2. 预防 / 解决通病措施

（1）选择可以开启角度大于 160° 的暗门合页。

（2）制作消火箱暗门应大样先行，保证暗门开启角度（不应小于 160° ）和关闭时的吻合性。

（3）制作消火箱门扇应选择不易受潮变形的材料，禁止选用中、低密度板。

（4）消火箱暗门应设置门锁或箱门关闭装置，设置门锁的消火箱，除箱门安装玻璃以及易碎的透明材料外，均应设置箱门紧急开启的手动装置，并应保证在没有钥匙的情况下开启灵活、可靠。

（5）消火箱暗门开启应轻便灵活，无卡阻现象，开启拉力不得大于 50N。

（6）门轴安装措施到位，保证垂直度，不得出现偏位现象，确保门扇厚度空间尺寸，防止暗门侧边与内部基层出现挤压。

5.3.2　抹灰涂料层空鼓脱落

1. 通病原因分析

（1）混凝土基层遗留的脱模剂未处理，抹灰前基层未湿润扫浆或进行界面剂处理。

（2）不同材料交接处抹灰前未进行加强处理。

（3）基层含水率控制不当，基层强度不足。基层表面不净，存在灰尘疏松物、脱模剂和油渍等影响粘结的物质。

（4）涂料层过厚，表干里不干。

（5）面层涂料硬度过高，涂料含胶量不足，柔韧性差或涂料中挥发成分过多，影响成膜的结合力。

通病案例如图 5-14 所示。

图 5-14　抹灰涂料层空鼓脱落问题照片

2. 预防 / 解决通病措施

（1）混凝土基层应用钢刷打磨处理遗留的脱模剂，并滚刷一道界面剂做毛化处理。加气块或其他多孔砖墙体基层应满铺一道玻纤布，再进行抹灰施工。

（2）不同材料交界处应增加一道钢丝网或玻纤布加固，加强网部位应涂刷一层素水泥浆或界面剂，加强网与各基层的搭接宽度不应小于 100mm。

（3）抹灰基层表面涂刷溶剂型涂料时，含水率不得大于 8%，涂刷乳液型涂料时，含水率不得大于 10%。基层表面应清理干净，不得出现表面尘埃及疏松物、脱模剂和油渍等影响抹灰层粘结的物质。若基层强度不足，应在基层表面均匀涂刷墙固处理剂，增大基层强度。

（4）注意各层是否干燥，腻子未干前不能做涂料面层。各层涂料必须结合牢固，前一层涂料干燥后才能进行后一遍涂料施工。

（5）涂料层应遵循涂饰施工操作规程，合理配合比且搅拌均匀，防止因搅拌不当而导致的面层颗粒现象。

5.3.3 玻化砖空鼓脱落

1. 通病原因分析

（1）技术交底不到位，工人不了解施工工艺。

（2）基层墙面有浮灰、开裂、强度低、空鼓等问题。

（3）轻质板（硅酸钙板、水泥压力板等）墙体基层受温度、湿度影响，出现变形。

（4）玻化砖背面脱膜蜡或浮灰未清理干净。

（5）墙面防水层使用聚氨酯等表面不易粘贴的防水材料。

（6）背胶质量不合格，或涂刷不均匀、养护不到位。

（7）胶粘剂质量不合格，或未按要求配合比、搅拌不均匀，影响材料性能。

（8）粘结层过厚或未使用“双面粘贴法”施工，贴砖后未将砖面压实。

（9）伸缩缝预留不合理，嵌缝时间过早或者填缝时使用刚性填缝剂嵌缝。

通病案例如图 5-15 所示。

图 5-15　玻化砖空鼓脱落问题

2. 预防 / 解决通病措施

（1）加强对工人的技术交底，交至每个工人并将交底上墙，同时做好过程管控。

（2）清洁基层，洒水润湿，若基层出现起砂现象，应使用墙固处理剂进行处理。

（3）轻质板隔墙基层，板接缝处用网格布加固嵌缝处理。

（4）玻化砖铺贴前须用钢丝刷将粘贴面残留的脱模剂清理干净。

（5）墙面防水层宜选用水泥基防水涂料，施涂前，墙基须进行润湿处理（70% 水 + 30% 水泥基防水涂料搅拌均匀）。

（6）应选用质量合格的背胶，背胶涂刷时应均匀、饱满，并充分养护。

（7）应选用质量合格的胶粘剂，严格配合比检查，机器搅拌，搅拌过程中严禁掺加水泥、砂子等材料，搅拌好的胶粘剂必须在规定时间内用完，已经干固的不得加水继续使用（图5-16）。

（8）铺贴时应采用“双面刮浆法”，粘结层厚度控制在5～10mm，充分揉压玻化砖，使其与基层充分粘贴。充分揉压玻化砖，使其与基层充分粘贴。

（9）根据玻化砖规格大小、基层类型合理留缝，玻化砖铺贴充分养护后再进行嵌缝处理（建议7d后）。对于轻质板墙体基层，须使用柔性填缝剂嵌缝。

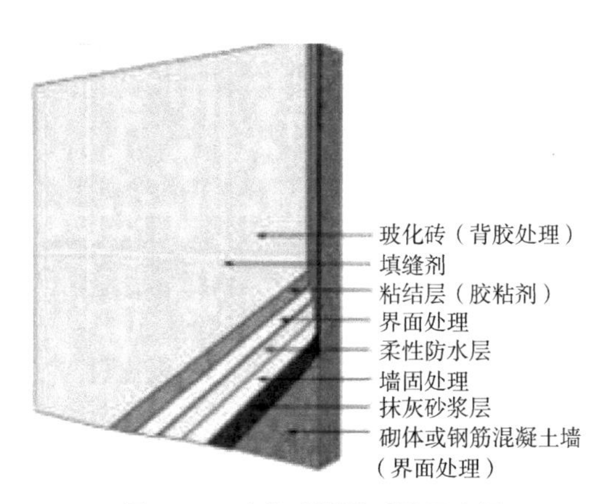

图5-16　玻化砖铺贴系统示意图

5.3.4　石材干挂非标工艺

1. 通病原因分析

（1）采用木纹石、砂岩、汉白玉等石材时，由于石材质地疏松，容易出现透胶现象。

（2）质地疏松石材厚度不足，开槽处过薄。

（3）干挂件部位开槽后未及时补刷防护剂。

（4）干挂胶质量不合格，未按干挂胶要求进行配比。

（5）干挂胶搅拌不均匀，延长固化时间或不固化。

（6）施工时，干挂胶量使用过多，容易从接缝处溢出等。

2. 预防/解决通病措施

（1）石材墙柱面设计为采用干挂法安装时，细面天然石材厚度不应小于20mm，粗面天然石材厚度不应小于23mm。中密度石灰石或石英砂岩板厚度不应小于25mm。人造石材厚度不应小于18mm。

（2）干挂部位开槽后应及时清理，并补刷同种防护剂。

（3）干挂件、背条固定必须采用环氧树脂AB胶粘贴，并应具备检验报告，云石胶只能用于临时固定，不能用于结构粘贴。

（4）使用时严格按使用说明书要求进行配比（通常配合比为1∶1），并搅拌均匀。

（5）对透胶的石材表面处理采用石材除油除胶剂进行油污处理，严重时可多次清洗。清除干净后采用石材渗透防护剂对石材进行防护处理，以防石材表面油脂再次返出。

5.4 体育场装饰工程护栏质量通病

栏杆玻璃自爆：

1. 通病原因分析

（1）钢化玻璃原片自身的质量不达标。

（2）玻璃加工弧度与石材或钢架弧度不吻合，将玻璃强制固定在钢架上，玻璃应力集中容易发生破坏。

（3）钢化玻璃板在安装时操作不规范，局部应力集中。

（4）玻璃接触金属面未安装胶垫进行软性连接。

通病案例如图 5-17 所示。

图 5-17 栏杆玻璃自爆问题与正确做法

2. 预防 / 解决通病措施

（1）玻璃下单前测量现场尺寸，精确下单，玻璃制作完成后，发货前对加工好的玻璃进行尺寸核对。

（2）玻璃运输过程中应做好产品保护，按照规范要求安装施工，确保受力均匀。

（3）玻璃安装时，玻璃与槽底、压条之间应设置弹性材料软性连接，确保各隐蔽部位无应力集中（图 5-18）。

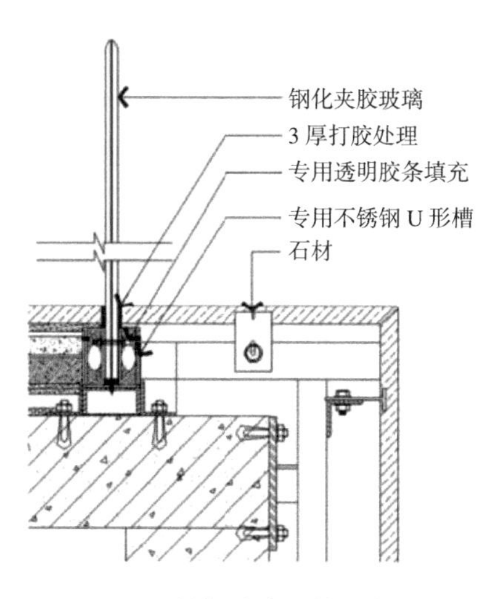

图 5-18　栏杆玻璃安装示意图

5.5　体育场装饰工程洁具质量通病

5.5.1　台下盆非标安装工艺

1. 通病原因分析

（1）台面石材安装前，未充分考虑后期台盆安装固定方式，未提前加焊固定台盆的钢架。

（2）台盆安装依靠云石胶和硅酮胶固定，底部无其他支撑，胶体老化后易导致台盆脱落。

通病案例如图 5-19 所示。

图 5-19　台下盆非标安装问题与正确做法

2. 预防 / 解决通病措施

（1）如遇前期台盆规格型号未确认的情况，建议制作成带滑道可调节式的钢架基层。

（2）安装台面前须充分考虑台盆的固定方式，提前制作支撑钢架。

（3）悬挑式台盆禁止采用云石胶加硅酮胶固定底部无支撑的做法，建议采购成品支架或制作有效支撑件进行加固处理（图 5-20）。

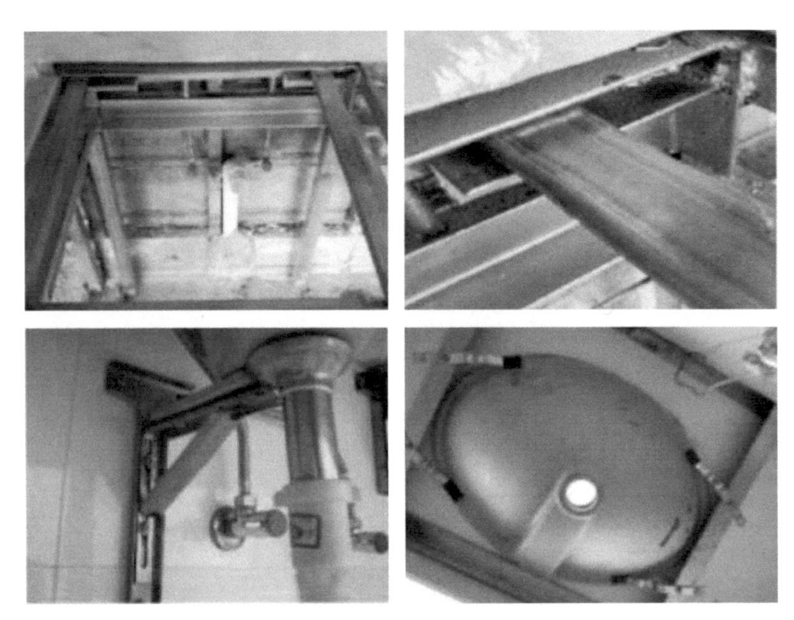

图 5-20　台下盆正确安装方式

5.5.2　蹲便器非标安装工艺

1. 通病原因分析

（1）陶瓷烧制品存在材料变形现象（质量要求不高,无品牌,材料进场验收不到位）。

（2）工序未做交接验收（平整度、中心线控制不到位）。

（3）现场技术交底不到位及施工工艺要求不高，对工人施工水平掌握不深。

（4）施工管理跟踪不到位，施工过程中把控不严。

通病案例如图 5-21 所示。

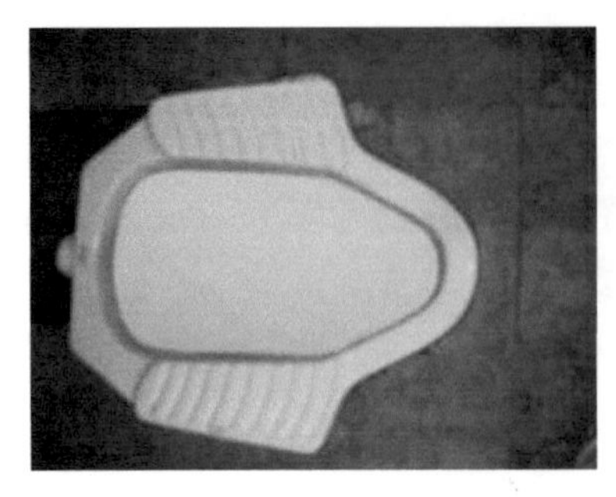

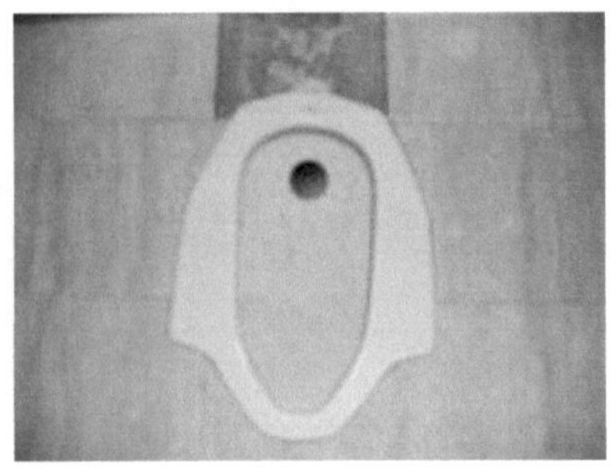

图 5-21　蹲便器非标安装问题与正确做法

2. 预防 / 解决通病措施

（1）前期施工过程中应控制洁具安装工序验收与交接，在要求的范围完成砂浆找平，并进行地面 1∶1 排版放线（考虑砖缝隙大小与蹲坑上完成面和砖完成面尺寸均控制在 5 ~ 8mm，且根据洁具造型设定）。

（2）完成以上工序后，再进行如图 5-22 所示的操作步骤。

①模板选材　②复模制模　③面砖预拼　④实物复核　⑤转印模板　⑥细节交底

图 5-22　蹲便器安装步骤

第 6 章

深圳市体育中心装饰工程项目总结

6.1 施工总体安排及部署管理

6.1.1 施工总体安排

1. 施工阶段的划分

（1）施工准备阶段

工程开工前根据指定的场地进行临时设施的搭设，要求施工人员不得损坏现场的原有建筑设施，包括工程周边环境中的道路、公用事业设备等。在本施工阶段，我司租用游泳馆二楼商业区作为现场临时办公，场界封闭沿用现场总包搭设的彩钢板隔墙，入口处沿用总包设置门卫岗，日夜值班，保障工地安全。

（2）装饰施工阶段

在本阶段中，我司根据计划安排开始室内的装饰施工。在施工过程中，积极配合其他专业施工，确保工程顺利进行。

（3）竣工收尾阶段

工程到后期收尾阶段的成品保护，我司将发动项目全体人员与成品保护员一起维护现场的所有成品，保证在最后不出现成品破坏，最终移交给业主一项精品工程。

2. 施工总体安排

（1）为保证本装饰工程施工的节奏性、均衡性、连续性，我司可根据甲方要求对本装饰工程设计局部进行优化调整。对于本装饰工程我司从施工的人力、物力及空间等几大要素着手，积极消除因技术上的差错或隐患而引起的人身安全和质量事故。我司将建立工程项目的领导机构，调集精干的施工队伍，并向各施工班组进行施工组织设计、施工计划和各项技术的交底，并建立健全各项管理制度，积极妥善做好施工现场准备工作。对整个工程项目进行宏观调控，加强建设单位、设计单位和其他施工单位之间的联系与协作。

充分调动各单位的合作精神，发挥开拓争先，奉献求实精神。

（2）提供的设计方案，结合装饰施工的工艺流程拟定本装饰工程的装饰工程施工进度安排，整个装饰工程施工工期拟控制在合同工期内。根据施工工艺和工程的实际情况，拟定详细施工工序以指导施工，具体操作时可根据现场实际进行调整。

（3）装饰施工中，我司根据图纸中工程范围的划分及现场实际情况和工期的要求，拟按楼栋对本工程分别作施工段的划分（表 6-1、图 6-1）。

施工段划分表　　**表 6-1**

区段划分	位置	计划时间	场地要求	备注
第一施工段	体育场 5 层	12 月 1 日	二构完成	注意前端工程的成品保护
第二施工段	体育场 4 层	12 月 10 日	室内机电及消防管网安装完成；提前 3 ~ 5d 进行场地移交及界面接口对接	
第三施工段	体育场 3 层	12 月 20 日		
第四施工段	体育场 2 层	12 月 31 日		
第五施工段	体育场 1 层	1 月 10 日		
第六施工段	游泳馆地下 -1、-2 层停车场、机房等区域翻新及 6 栋副馆装修	1 月 20 日		

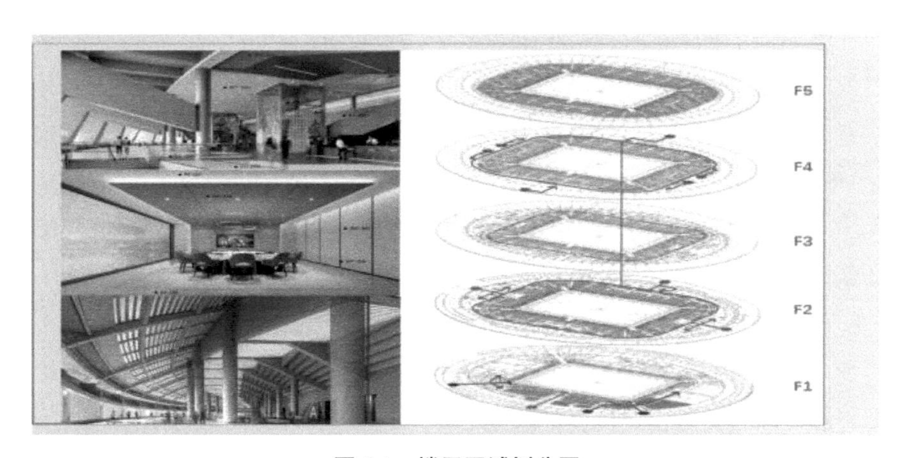

图 6-1　楼层区域划分图

各个施工段可根据施工进度安排独立同时施工，施工段内根据实际情况可组织流水施工。为便于业主整体部署，在执行进度计划的同时，项目亦可根据业主的时间安排对室内装饰施工的工期安排进行调整。

（4）考虑施工现场的实际情况，各施工区拟装修部分工序为：先做施工准备，测量放线，同时配合进行机电、给水排水、暖通等管线的安装；再进行隔墙龙骨安装、吊顶龙骨安装，同时进行门、门套、墙面木作等木制品的场外加工；然后进行吊顶面板安装施工，穿插进行门、门套、墙面木作基层施工，接着进行门套安装，墙、顶乳胶漆施工；最后配合灯具、洁具、风口安装。

（5）我司将严格按设计的要求施工，遵从甲方的要求和国家有关标准及规范进行施工和验收，在施工中按照科学管理、协调统筹的原则，确保本装饰工程的顺利完成。

3. 立体施工顺序

根据装饰工程的特点及各工序间的搭接关系，各功能区的施工遵循：墙面—顶棚—细部—地面的总体原则。组织施工在同一作业面内，同时考虑先湿作业，后干作业；贴面—木作—油漆（后）的顺序；分隔后先内部再外部，先整体划分，后局部的组织安排，在工程的整体统筹下，可在部分区域根据工艺特点适当调整局部作业顺序。

6.1.2 施工部署管理

1. 施工管理目标

（1）施工指导思想

严格推行“项目法 ”施工管理模式，按照 ISO 9001 质量管理体系、ISO 14001 环境管理体系、ISO 18001 职业健康安全管理体系要求，使质量、进度、安全、卫生、环境保护、文明施工达到最佳效果。

（2）工程管理目标

针对本工程具体情况，为保证安全、低耗、优质、高效地完成本工程的施工任务，拟从质量、安全、工期、文明施工、服务五方面着手，制定如下施工管理目标：

1）质量目标

所采用的材料、设备质量及施工质量均应满足现行国家、地方、行业所有相关规范、标准、图集的要求。

2）安全、文明施工目标

①树立“安全第一、预防为主、综合治理”的方针。

②符合职业健康安全管理体系的要求。

③杜绝死亡、重伤及重大机械事故，无火灾事故，轻伤率控制在 3‰以内。

④符合环境管理标准的要求，创造良好的施工环境，营造绿色三星建筑。

3）工期目标

①现场施工工期：2023 年 11 月 30 日~ 2024 年 7 月 15 日。

②积极推进施工进展，配合设计推进定板、定样工作及设计问题的解决，有义务积极推进、催促相关配合单位的施工进度。

4）服务目标

要达到以上目标，很大程度上取决于我司的施工组织能力，所以必须以精心组织、周密筹划、繁而不乱、合理有序、有效控制为原则，制定出完善的施工方案进行施工，在保证质量的前提下达到优质高效。

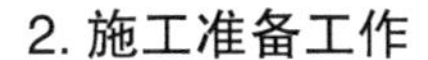

2. 施工准备工作

（1）技术准备

1）图纸会审：本工程开工前，组织由施工单位、总包单位、建设单位、设计单位、监理单位等参加图纸交底会审，全面熟悉和掌握施工图纸的全面内容及设计意图。

2）内部交底：内部交底是施工技术管理上的一项制度，其目的是通过技术交底使参加施工人员对工程及技术做到心中有数，以便科学合理地组织施工工艺的工作。内容包括图纸交底、施工组织交底、设计意图和全部工序、工艺、质量要求的交底，工程技术人员把各项交底直接下达给各工种班组长。交底要求细致全面，并结合具体施工项目，关键部位的质量要求、操作要点和注意事项，以及环保要求，卫生、安全文明施工的控制措施，都需要进行详细交底，班组接受交底后要组织工人进行讨论，真正消化图纸，明确施工意图。

3）编制施工图预算及制定方案，对工程的主要部位及特殊施工方法编写单项技术方案措施。

4）了解施工现场情况，组织机械设备进场及检修以待使用。

5）做好临时用电、临时用水及临时设施的搭设工作。

6）做好消防设备保护及空调电源、电话线路保护。

7）组织施工管理人员及劳动力的调配入场，满足施工要求。

（2）现场准备

1）施工队伍进场

工人进场：工程开工前各工种人员要到达项目经理部，由项目经理进行各项技术、安全交底，新工人培训上岗准备工作。项目经理部同班组长组织技术工人熟悉施工图纸及工地环境，讲解施工要点以及施工过程中的防盗、防火，安全文明措施，明确环保措施和要求，以及岗位责任制度等。

发放工作证：进入工地的施工人员必须佩戴工作卡出入，确保工程的安全生产和科学管理。

安全教育：特殊工种必须经市级主管部门统一培训、考试、发证后上岗；未经教育培训不准上岗。

2）场地准备

原建筑清除下来的建筑垃圾或材料开工前应进行清理，做好移交手续，保证现场清洁，顺利开工。

核定施工用水、用电是否已到位、就绪。

施工所需的临时设施在施工前须搭建完毕。

工程技术人员、项目经理到施工现场根据施工图纸进行测量放线做好记录，验收合格后，开展工程施工工作。

（3）物资准备

1）工程装修材料准备

工程主要用量大的材料应根据工程进度计划，编制详细的材料计划表，为了避免几次订货带来材料质量、色差等问题，设备材料组应会同项目经理部在开工前做好工程用料计划，并根据工程进度采购、订购各种材料，保证满足施工需要。

做好材料运输计划，制定运送时间，同时制定与建设单位、监理单位一起进行材料的检查及认可制度。合格的材料搬运入库并做好贮存、标识工作；对各种材料的入库、检验、保管和出库应严格遵守公司质量文件的规定，同时加强防盗、防火的管理。

2）施工机械设备准备

为了提高质量，高水平地完成本工程项目的施工，先进强大的施工设备支持是快速施工最重要保证之一，为此本项目部大部分采用进口机械设备，以保证装饰工艺水平；室内装饰工程所用的机具仪器基本为精密的小型设备，各种类型设备的进出场按施工工序的总体安排随各工种人员一同进出场。

3. 施工管理规划

切实可行的施工管理方案，是保证施工管理和施工活动顺利进行的前提，因此，根据本企业在以往的施工管理中积累的丰富经验，制定如下管理方案。

（1）目标管理：在进行施工管理过程中，应对施工班组提出总目标及阶段目标，这些目标应包括质量、进度、安全、文明施工等，在目标明确的前提下对各施工班组进行管理和考评。

（2）跟踪管理：在进行目标管理的同时，应采用跟踪管理手段，以保证目标在完成过程中达到相应要求。在施工班组施工过程中应加强过程控制，要对质量、进度、安全、文明施工等跟踪检查，发现问题立即通知施工班组进行整改，并及时进行复检，建立完整的资料以使所有问题解决在施工过程中，而不是事后发现问题，以免造成不必要的损失。

（3）平衡管理：在施工管理过程中，应根据施工阶段的施工特点进行综合平衡，平衡目标的大小，平衡设备的使用，平衡施工面展开以及平衡进度的快慢，关键是要抓住重点，来平衡其他，使整个工程施工过程中有重点、有条理。平衡管理也是整个工程能否顺利完成的重要因素，要求有敏锐的洞察力，有预见性，能预见工程在施工中可能发生的主要矛盾。

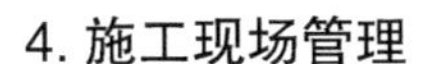

4. 施工现场管理

（1）材料的管理

1）购料入库制度

施工队伍先将材料计划报告专业工长，专业工长应提前4 ~ 7d填制材料计划单，材料计划单中应有施工队伍名称、材料用途、规格、型号、材料数量及工长签字，工长签字后交付项目部负责人审批。

项目部负责人应在两个工作日内对工长提交的材料计划单进行审批，签字批准后，应于当日及时交付材料员。

材料员应认真核实材料计划单。采购过程中注意厂家资料是否齐全有效、材料是否符合要求，严把质量关。材料员将齐全有效的厂家资料及时交付资料员，资料员及时进行进场物资报验。

材料员采购、租赁的材料进场后，现场工长或主管对进场材料及相关资料进行复检；确认材料合格后，由库管（材料库管理员，以下简称“库管”）清点材料，填写材料入库单，列明进场/入库日期、材料名称、规格、型号、数量及送料人，进行入库登记。料进字签，入库完毕。

购料费用报销：购料单据上须有材料员、工长（主管）、库管三方签字。购料单据上若无三方签字，财务不予报销。若是厂家送料至现场，购料单据上三方签字则为送料人、工长（主管）、库管，入库流程不变。

2）领料放料制度

各施工队负责人为领料人，负责领取材料。施工队亦可指定或委托专人为领料人（必须有委托书），负责材料领取。其他领料人员，无领料之权。来人领料若无工队领料委托书，库管不可发放材料。

施工队在库房领取材料时，必须找工长办理领料手续，填写领料单。领料单上应列明施工队伍、材料数量、规格型号、用途、领取人及领取日期。由工长、现场主管、库管三方签字生效。库管应认真核对料单，清点数目，确认无误后方可进行材料发放。领料单一式三份，工长一份，库管一份，施工队自存一份。

施工队领料人若因特殊情况不在但急需用料时，可由队伍班组长向项目部负责人请示领取材料。项目部负责人核实情况后方可批准其领料，但必须在领料单上签字。领料单备注栏中应写明情况，由施工班组长签字。

3）退料制度

施工队伍施工完毕，须将所有周转材料如数退还库房。施工队伍退料时，由库管填写退料单，退料单上列明退料队伍、材料规格、型号、数量、退料人、退料日期。退料单上应有退料队伍负责人签字、退料人签字、库管签字，退料单由以上三方签字后生效。

如果施工队丢失所领取材料，必须按采购价赔偿公司损失。

4）监管制度

工程材料为公司财产的重要组成部分，项目部管理人员、材料员、库房、工地看守人员、施工队伍必须密切配合，避免给公司造成材料浪费及不必要的损失。项目部管理人员必须认真负责，配合材料员、库管及工地看守人员对现场材料使用进行监督管理；材料员及库管必须认真履行职责，做好台账记录，入库出库严格把关；库管及工地看守人员必须遵守公司规章制度，执行守料护卫本职，严防偷盗私藏。施工队伍领料之前应做好用料计划，施工中避免浪费、损坏及丢失。施工队伍或个人如有偷盗恶行，项目部将对此队伍或个人进行重罚后责令其退场，情节严重、导致公司财产安全蒙受重大损失的，公司将报告警方严肃处理，决不姑息。

涉及材料相关的人员必须恪守职责，认真落实工程材料管理制度。项目部负责人、公司材料员、库管、工地看守人员要认真管理材料。所有材料入库出库数量必须吻合一致，入库出库流程必须严格执行，入库出库单据必须认真审核，入库出库制度必须贯彻落实。不得弄虚作假，如有违者，公司将对其处以罚款，责令其赔偿损失并将其开除出本公司。

工程上的一切废料亦属公司财产，严禁私自处理。项目部管理人员要随时监管废料的收集与存放。废料集中并分类码放，由施工队负责人上报项目部材料员，材料员依据公司总领导指示处理废料。

5）保管措施

材料仓库：在施工现场预留材料堆放区，每个分项工程在材料堆放区自设仓库；选择原建筑内房间作为储存油漆的专用仓库，库房门口放置一定数量的灭火器和砂箱。

仓库安全：严禁在施工现场尤其是仓库附近吸烟、生火。安全主管对仓库区灭火器材不定期重点检查，及时更换不符合消防要求的灭火器。

材料入库及材料领用制度：所有入库材料均应严格记录并定期清理在册，应建立领用材料管理制度，由各工种工长负责定量、定点领料，由施工员、材料员等定期、定点复核。

6）现场堆放要求

建筑材料、构件、料具应按土建总包单位、监理单位和建设单位审批后的总平面图布置方案堆放。材料进出场严格按照土建总包单位进出场管理制度执行。

材料应分类堆放整齐，材料堆放处应悬挂统一形式的标牌。标牌中应注明材料名称、品种和规格等。

库房必须符合隔热、通风、上锁的要求，并设有醒目的消防安全标志，落实专人加强管理。禁止将性质相抵触的物品同放一室一库。库房必须保持整洁有序，不准堆放杂物。

易燃、易爆物品应和其他材料分开。施工现场应当划定堆放可燃和易燃物品的场地，并设有消防安全标志，配置消防器材。

水泥等粉细材料，应尽量采取室内存放，卸运时要采取有效措施，减少扬尘，并及时清扫地面残渣。

（2）工具的保管、发放、维修

1）工具设专门工具房保管，用木箱或木架存放各种小型工具和配件，易于清理发放。

2）对经常性易损配件要有足够存货，易于马上整修。

3）仓库配维修技师2名和保管员3名。

4）云石切割机、冲击钻、风钉枪等易损坏工具要备存货。

5）对损坏工具自己不能维修的马上送专业店维修。

6）应掌握工具使用动态，不能用的工具马上通知项目部购进。

7）应在开工前15min发放工具，做好记录，下班时收好工具，清点清楚，并随时保养。

（3）人员管理

1）工地安全保卫人员必须严格执行本公司的《施工现场管理条例》。

2）外来人员无工程项目部人员许可不得进入施工现场。

3）工地工作人员及施工队人员若无工作卡、安全帽、工作服者（三者缺一不可）不得进入施工现场。

4）上级公司、甲方单位、协作人员进入施工现场必须由工程项目部派员陪同，并戴备用安全帽后方可进入现场。

5）进入施工现场的非本公司人员一律实行登记制。

6）保安人员实行现场巡视制，密切注意消防器材的完好性、电器使用的安全性。

7）一旦发现在施工现场抽烟、大小便者，立即记录在案，及时向工地办公室汇报，由工程总指挥部对其进行处罚。

8）进入工地现场的所有设备、工具由门卫保安进行登记，登记清单交工地办公室保管。

9）任何人员不得携带工具、设备、材料出场，必须由工程项目部的批条方可带出。

10）保安人员必须保证工地施工区域的安全。

6.2 施工总平面布置

（1）拟设项目主入口、道路、材料运输等情况，我司将严格遵守业主及监理管理原则，协调配合共同利用好有限的平面道路和场地，在规定的时间及范围内解决好材料的进场、堆放、交叉使用、垃圾的清运和现场卫生等项工作，保证正常施工并创建出良好的环境，清洁卫生，布置有序的文明工地。

（2）拟搭设必要的加工场、仓储空间、堆场

1）根据现场施工进度，临时仓库的搭设须经业主、总承包同意后设置。设置临时加工场，根据施工报备的施工平面布置图设置。

2）五金仓库进场后根据平面布置图安排布置，实行统一分配，限额领料管理。

具体搭设位置根据施工进展而动态设置，分为龙骨作业阶段、饰面层施工阶段、收尾维保阶段。三个阶段占地面积逐步缩减，降低对交叉作业的影响，提高场地使用率。

3）普材仓库：该仓库考虑储存木材、龙骨、石膏板、夹板等材料，各种材料根据不同的堆放要求在仓库内进行合理立体化堆放。仓库内将易毁损材料单独集中堆放，容易受潮影响质量的材料堆放时采用金属架架高，材料入口和出口分开，方便材料搬运和领用。

4）乳胶漆仓库：主要存储乳胶漆、胶水等易燃易爆材料仓库与其他木材等可燃烧材料仓库的防火间距不应小于10m。我司将在仓库内材料铁架上连接地线，防止静电火花，仓库内采用低压防爆灯和防爆插座，设置泡沫灭火器、砂箱等消防器材；设置温度计等安全监控设施。

5）集中加工场地：场地内设置半成品加工区、半成品堆放区。

6）生活、办公设施设置及现场临时厕所布置：我司拟在游泳馆二楼租用部分办公区作为现场办公场地，场地内租用总包生活板房（已协调）用于现场工人的生活住宿，统一至总包生活区食堂就餐，配合总包做好成品保护工作及现场的文明施工工作。另外我司将按照合同文件要求及进场后实际情况为发包人/监理人提供满足相关办公要求的设施服务及满足现场管理人员的交通需求。

（3）垂直运输措施

易损坏及贵重材料等采用室内电梯运送至楼层堆放位置，现场材料垂直运输应与现场管理单位协调电梯使用方案并负责电梯使用期间的成品保护，严格按照业主要求操作。电梯使用时间由我司与管理单位协商。室外大宗不方便运输的材料可协调总包塔吊运输。

（4）临水、临电布置及临时排水排污设施

施工现场临水、临电接驳点已接驳至施工楼层，进场后拟协调使用，由我司自行接管并负责维护。我司确保因施工活动产生的扬尘、气体排放、地面排水及排污等，不超过政府部门规范要求。

（5）材料堆放场地

与总承包单位协商划分馆场附近某块区域作为室外材料中转站，材料直接运至施工馆场附近材料中转站，由材料中转场地运输至施工楼栋，利用电梯运至各楼层施工区，需加工材料运输至施工平面布置指定场地。材料堆放在指定位置，并挂上标牌，注明名称、品种、规格。

（6）加工设备及临时设施的布置

我司自行与现场管理单位协调，按指定位置堆放加工设备及临时设施。未指定区域堆放的，经业主同意后，拟堆放至我司平面布置规划的临时堆放位置。

（7）垃圾堆放、卫生设施、现场消防疏散及安保

开工前结合现场实际情况与甲方、总包协商消防疏散人员、材料、垃圾运输路线，同时确定垃圾暂存位置和运输方式。我司协调现场单位划定专用垃圾存放位置，我司清理垃圾至指定位置，在施工过程中产生的所有垃圾由我司负责清运。我司在布置现场进行24h安保巡逻，确保现场安全。

（8）其他

为解决现场材料存放和垂直运输问题，我司计划采用统一采购、分批进场、计划使用、材料滚动的管理办法；同时将安设大量的力工和库管人员，保证到场材料、物资随到随进库，保证材料在室外停留最长不超过2h，在库房存放不超过7d，使材料进场存放和垂直运输处于良好的控制状态。

（9）临时用地分区见表6-2。

临时用地分区表　　表6-2

用途	面积（m^2）	位置	需用时间
办公区	290	游泳馆二楼	整个工期
工人宿舍	200	总包生活区	整个工期
材料加工场	120	施工现场	整个工期
材料、机械堆放场	100	施工现场	整个工期
仓库	50	施工现场	整个工期
合计	760	—	—

（10）施工总平面布置图如图 6-2 所示。

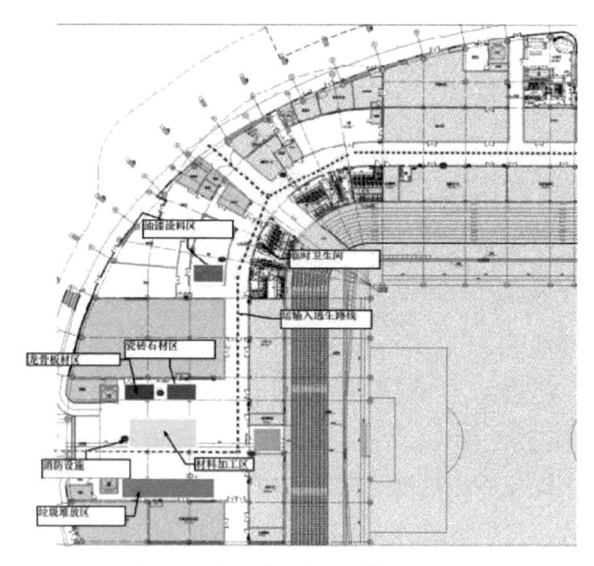

图 6-2　施工总平面布置图

6.3　主要精装专项施工方案

6.3.1　测量放线专项方案

1. 编制依据

（1）现行国家标准《工程测量规范》GB 55018；

（2）施工图纸；

（3）合同及相关文件。

根据以上编制依据，本着“技术先进，确保质量”的原则，制定施工测量方案。

2. 施工测量基本要求

（1）遵守先整体、后局部的工程程序。

（2）严格审核测量起始数据（设计图纸、文件、测量起始点位、数据等）的正确定位，操作与计算工作步步校对。

（3）测量方法采用闭合方法，消除误差。

（4）定位放线工作执行自检、互检合格后，由有关主管部门制定检验放线工作制度。还要应用好、管理好设计图纸和有关资料。实测时要当场做好原始记录，测后及时保护好测量标志。

（5）施工测量人员持证上岗，测量所用的仪器、量具应符合一级计量等级精度要求。

（6）保持测量记录真实、数字准确、内容完整、字迹工整、保管妥善。

（7）测量计算正确、方法科学、计算有序、步步校核、结果可靠。

3. 具体措施及方法

（1）开工前由测量员复核各楼层平面线以及标高控制线的准确性，并与总包单位办理工序交接的手续。

（2）根据楼层的功能区域实际测量定出标高，用明显的标志标出各部分的100cm水平标高控制线。

（3）对于各房间顶棚和设备机房等设备管线槽集中的部分，由测量小组测出建筑物实际尺寸，绘出该部分的实物空间图，发给水电通风设备安装的技术人员和施工队伍，为他们在狭小空间内合理布管加工管槽提供数据。

（4）和其他专业单位确定各种控制面板、灯具等具体位置，达到既符合规范要求，又美观大方的装饰效果。

4. 测量工法

（1）分间基准线的测设

1）结构完成后，须依照轴线对结构工程进行复核，并将各结构构件之间的实际距离标注在该层的施工图上。计算实际距离与原图示距离的误差，并根据不同情况，研究采取消化结构误差的相应措施。消化结构误差应遵循的原则是保证装修和安装精度高的部位尺寸，将误差消化在精度要求较低的部位。

2）根据调整后的误差消化方案在施工图上重新标注放线尺寸和各房间的基准线。

3）根据调整后的放线图，以本层轴线为直角坐标系，测设各房间十字基准线。

4）根据水平基准点，测设各层的标高并弹出1m线。

（2）隔墙弹线

1）根据放线图，以控制网为基准，核对墙体厚度，弹出墙体边线和镶贴饰面边线，并注明饰面种类。

2）根据精装图纸测量墙位置，并结合该墙体的精装修饰面工艺做法，内返出墙体位置控制线，以及门洞位置控制线，标出门洞口，并在边线外侧注明洞口顶标高。

3）用激光投线仪把地面上的墙体边线反射到顶棚上。

（3）地面工程

在进行地面铺装时，先在空间的主要部位弹相互垂直的控制十字线，并引至墙面底部。依据墙面1000mm水平线，找出面层标高在墙上弹好水平线，注意要与其他房间面层标高一致。铺装前，各施工区域交接部位根据弹好的控制线，用小棉线拉通线，保证施工区域交接部位缝格的通顺。木地板施工时要预先在地面上弹出每块地板的具体定位线。

地砖地面铺装，在施工前的测量放线阶段要注意：

1）重新测量房间地面各部分尺寸。

2）查明房间各墙面装饰面层的种类及其厚度。

3）留出四周墙面装饰面层厚度并找方弹出地面边线。

4）有对称要求的弹出对称轴。

5）要镶贴特殊图案的地面，在相应位置弹出图案边线。

6）按地面铺贴图弹控制线，由于在铺贴块材时要先用半干砂浆铺底，待实际铺贴时再依这些控制线在瓷砖地面的顶面标高拉线。

（4）吊顶工程

1）查明图纸和其他设计文件中对房间四周墙面装饰面层类型及其厚度的要求；依据精装图纸，结合垫层施工厚度及灯具高度，在隔墙上弹出吊顶完成面控制线。

2）重新测量房间四周是否规方。

3）考虑四周墙面留出饰面层厚度，将中间部分的边线规方后弹在地面上。

4）对于有对称要求的吊顶，先在地面上弹出对称轴，然后从对称轴向两侧量距弹线。

5）对有高度变化的吊顶，应在地面上弹出不同高度吊顶的分界线；对有灯盒、风口和特殊装饰的吊顶，也应在地面上弹出这些设施的对应位置。

6）用激光投线仪将地面上弹的线反射到顶棚上，对有标高变化的吊顶，在不同高度吊顶分界线的两侧标明各自的吊顶底标高。

7）根据以上的弹线，再在顶棚上弹出龙骨布置线。

8）沿四周墙面弹出吊顶底标高线。

9）在安装吊顶罩面板后，还须在罩面板上弹出安装各种设施的开洞位置及特殊装饰物的安装位置。

10）用水准仪在房间内每个墙角上抄出水平点，弹出水准线，从水准线量至吊顶设计高度加上一层石膏板的厚度，用粉线沿墙弹出水准线，即吊顶次龙骨的下皮线。同时，按照不同房间的造型吊顶平面图，在混凝土顶板上弹出主龙骨的位置。

11）当吊顶上相关机电设备较多时，将吊顶顶棚图投影到地面上，因本工程机电专业较多，有灯具、通风、空调等，要先按每户顶棚图将各末端设备弹在地面上，检查是否有冲突的地方，遇到问题，及时调整，同时也方便各专业施工时进行精确的定位。

（5）墙面工程

室内墙面主要为墙砖、木饰面、金属板、石材、饰面涂料等。在施工放线过程中，要预先根据排板图，在墙面弹出分格线，以及完成面控制线。

1）首先在内墙各阴、阳角吊铅垂线，依线对外墙面进行找直、找方的剔凿、修补，

抹出底灰。

2）门、窗洞口两侧吊铅垂线，洞口上、下弹水平通线。

3）复测内墙面各部分尺寸，然后根据嵌贴块材的本身尺寸，计算块材之间的留缝宽度，画出块材排列图，根据拟定的块材排列图在墙面上弹出嵌贴控制线。

6.3.2　轻质砖墙抹灰施工方案

1. 施工准备

（1）抹灰部位的砌体结构均已检查合格，门窗框及需要预埋的管道已安装完毕，并经检查合格。

（2）砌体结构已经完成，砌体结构工程验收合格，墙体内预埋管线已完成并已验收合格。

（3）所有材料进场检验完成，达到质量要求，机械设备就位运行正常。

（4）抹灰用的脚手架应先搭好，铺好脚手板。

（5）砖墙应在抹灰前 1d 浇水湿透，加气混凝土砌块墙面因其吸水速度较慢，应提前 2d 进行浇水，每天宜两遍以上。

2. 工艺流程

基层处理→滚胶→甩浆→挂钢丝网→灰饼→充筋→底层抹灰→中层抹灰→面层抹灰→养护。

3. 施工控制要点

（1）基层处理：基层表面要保持平整洁净，无浮浆、油污，表面凹凸太大的部位要先剔平或用 1∶3 水泥砂浆补齐，表面太光的要剔毛，门窗洞口与木门窗框交接处用水泥砂浆嵌填密实，脚手眼要先堵塞严密，水暖、通风管道通过的墙洞、剔凿墙后安装的管道必须用 1∶3 的水泥砂浆堵严。

（2）钉钢丝网：基层处理完后，在砌体与框架柱、梁、构造柱、剪力墙及旧墙等交接处钉钢丝网。钢丝网的规格要符合设计要求，当设计无要求时应满足下列规定：直径不小于 $\phi 1.6$，网眼为 20mm × 20mm 钢丝网，用钢钉或射钉每 200 ~ 300mm 加铁片固定，钢丝网的宽度不小于 220mm，与不同基层的搭接宽度每边不少于 100mm，挂网要做到均匀、牢固，在砌体上不得用射钉固定。

（3）喷水湿润：用水将墙体湿润，喷水要均匀，不得遗漏，墙体表面的吸水深度控制在 20mm 左右。

（4）甩浆：用界面剂∶水∶过筛细砂＝ 1∶1∶1.5 的水泥砂浆做甩浆液，要使墙壁面布点均匀，不应有漏余。浇水养护 24h，待水泥浆液达到一定强度后再抹底灰。基层为混凝土时，抹灰前应先刮素水泥浆一道，在加气混凝土或粉煤灰砌块基层抹石灰砂浆时，应先刷108胶：水＝1∶5溶液一道，抹混合砂浆时，应下刷108胶（掺量为水泥重量的10%～15%）水泥浆一道。

（5）找方：先以跨度较大的两面墙体所在的轴线各找出一条控制线，然后以这两条控制线确定其他两条较短的控制线，相临控制线间要互相垂直。内墙顶棚抹灰用抄平管在四周墙上及框架梁侧面弹出水平标高线，作为控制线。

（6）放线：根据控制线将线引到墙体楼地面或其他易于识别的物体上。

（7）贴饼冲筋：根据所放垂线和水平线，确定抹灰厚度，在每一面墙上抹灰饼（遇有门窗垛角处要补做灰饼），灰饼厚度即底层抹灰厚度，然后拉通线做冲筋，冲筋的宽度和厚度与灰饼相同，抹灰饼和冲筋的砂浆配合比同基层抹灰的砂浆配合比。

（8）基层抹灰：基层抹灰要在界面剂水泥砂浆达到一定强度后（甩浆48h后）开始抹底灰。室内墙面柱面和门洞口的阳角应先抹出护角，采用1∶3水泥砂浆高度不低于2m，每侧宽度不少于50mm的暗护角。底灰应分层涂抹，每层厚度不应大于10mm，必须在前一层砂浆凝固后再抹下一层。当抹灰总厚度大于35mm时，应增加钢丝网。

（9）抹水泥砂浆面层：中层砂浆抹好后第二天，用1∶2.5水泥砂浆或按设计要求的水泥混合浆抹面层，厚度为5～8mm。操作时先将墙面湿润，然后用砂浆薄刮一道使其与中层灰粘牢，紧跟着抹第二遍，达到要求的厚度，用压尺刮平找直，待其收身后，用灰匙压实压光，为防止出现墙面刮花，施工过程中对于材料的配合比应注意水灰比不能过大，要按交底控制水灰比。

（10）养护：水泥砂浆抹灰层应喷水养护。

6.3.3 防水工程施工方案

1. 施工准备

（1）根据图纸要求，按照现行国家规范，结合本工程特点，施工前按照施工工艺标准，针对图纸具体部位要求做好技术交底。在施工过程中对方案、交底的实施情况要进行检查。

（2）涂刷防水层的基层表面必须将尘土、杂物等清扫干净，表面残留的灰浆硬块应铲平、扫净、抹灰压光，阴阳角处抹成圆弧或钝角。

（3）基层表面应保持干燥、平整、牢固，不得有空鼓、开裂及起砂等缺陷。找平层连接地漏、管根、出水口、卫生洁具根部要收头圆滑，坡度向防漏宝或地漏，部件必须安装牢固，嵌缝严密。

（4）凸出地面的管根、地漏、阴阳角等细部，做好附加层增补处理。

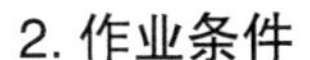

2. 作业条件

（1）为确保防水层质量，必须由防水专业队伍进行施工，凡从事防水工程的施工人员必须经统一培训考核才能操作。

（2）施工环境温度应保持在 5 ~ 35℃，五级以上大风天气不宜施工。

3. 工艺流程

基层清扫处理→阴阳角处做圆弧角→做防水附加层→涂第一遍聚合物水泥防水涂料（Ⅱ型）→涂第二遍聚合物水泥防水涂料（Ⅱ型）→现场监理旁站聚氨酯防水涂层防水切片→ 24h 闭水试验→验收。

4. 施工控制要点

（1）基层处理

1）基层表面应坚实具有一定的强度，清洁干净，表面无浮土、砂粒等污物，表面应平整、光滑、无松动，要求抹平压光，对于残留的砂浆块或凸起物应以铲刀削平。

2）阴阳角施工前，必须对基层进行处理，基层的阴阳角应做成圆弧形，阴角直径宜大于 50mm，阳角直径宜大于 10mm，待基层处理达到干净、无浮浆、无水珠、不渗水后方可进行涂刷。

3）管根部位穿墙管根定位后，楼板四周用水泥砂浆堵严，管根周围与地面相连部位用水泥砂浆抹成八字形。穿墙管道及连接件应安装牢固，接缝严密，若有铁锈、油污应以钢丝刷、砂纸、溶剂等予以清理干净。

4）基层处理后，基层上面应无明显水迹。

（2）滚刷底涂

1）涂布底层涂膜防水材料，可用滚刷均匀涂刷，力求厚薄一致，平面或坡面施工后，在防水层未固化前不宜上人踩踏，涂抹施工过程中应留出退路，可以分区分片用后退法涂刷施工。

2）若涂料有沉淀应随时搅拌均匀，每次蘸料时，先在桶底搅动几下，以免沉淀。

3）涂布要尽量均匀，不能局部沉积，并要求多滚刷几次，使涂料与基层之间不留气泡粘结严实。

4）底涂是为了提高涂膜与基层的粘结力，而当基层潮湿或在不吸水的干净的基层上使用时，可不做底涂（具体应视现场情况而定），底涂用量一般为 0.3kg/m^2。

（3）细部附加处理

在地漏、管根、阴阳角周边等易发生漏水的部位应增加一层加筋布加强处理。首先用橡胶刮或油漆刷均匀地刷一遍防水涂料，宽度以 300mm 为宜，并立即粘贴加筋进行加筋增强处理。加筋布粘贴时，应用油漆刷摊平压平整，与下层涂料贴合紧密，搭接宽度 100mm，表面再涂刷 1 ~ 2 层涂料，使其达到设计要求厚度。

（4）增强附加层

底料涂刷完后，在异型部位（管根、阴阳角等）先涂刷一道涂膜，作为增强附加层，涂布方法同上层一样，注意方向要与上道相互垂直，其宽度不小于300mm。

（5）底层涂膜固化

增强附加层完成后即可进行大面积涂刷，大面积涂布采用四涂法。涂布第一道涂膜：涂刷第一道涂膜，其施工方法与底层相同，但涂刷方向应与底层相互垂直。涂布每一道涂膜与上一道相隔的时间以上道涂膜的固化程度确定，一般不小于4h（以手感不粘为宜）。涂布第二道涂膜：第一道涂膜干固后，随即在上面涂布第二道涂层，涂刷应均匀，不得漏刷，施工接缝宽度不应小于100mm，方向与上道相互垂直。保持每道涂层厚度均匀。成活后防水层的厚度须≥2mm。有平面和立面的部位，应先涂立面，涂布顺序为自上而下，以免涂料下滑，影响涂膜整体光滑平整。平面涂布时采用后退法施工，以免损坏已完成的涂膜。第三、四道涂膜同第二道涂膜程序。

6.3.4 轻钢龙骨吊顶施工方案

1. 石膏板及矿棉板等吊顶

（1）工艺流程

弹线→固定吊挂杆件→水电管线碰撞→安装主龙骨→安装次龙骨→安装边龙骨→安装罩面板。

（2）施工控制要点

1）弹线

用水准仪在房间内每个墙柱角上抄出水平点，距地面一般为1000mm弹出水准线，按吊顶平面图，在混凝土顶板弹出主龙骨的位置。

2）固定吊挂杆件

采用膨胀螺栓固定吊挂杆件。注意区分吊杆长度大于1m与大于1.5m时所采取的加固措施。将龙骨吊杆用螺栓固定在横担上形成跨越结构，吊杆与主龙骨端部距离不得超过300mm，否则应增加吊杆。

3）水电管线碰撞

龙骨在遇到断面较大的机电设备或通风管道时，应加设吊杆杆件，即在风管或设备两侧用吊杆固定角铁或者槽钢等刚性材料作为横担，跨过梁或者风管设备。

4）安装主龙骨

主龙骨安装间距不大于1200mm。主龙骨分为不上人小龙骨、上人大龙骨两类。主龙骨宜平行房间长向安装，同时应适当起拱。跨度大于15m以上的吊顶，应在主龙骨上，每隔15m加一道大龙骨，并垂直主龙骨焊接牢固。如有大的造型顶棚，造型部分应用角钢或扁钢焊接成框架，并应与楼板连接牢固。

5）安装次龙骨

次龙骨应紧贴主龙骨安装。次龙骨间距 300 ~ 600mm。用 T 形镀锌薄钢板连接件把次龙骨固定在主龙骨上时，次龙骨的两端应搭在 L 形边龙骨的水平翼缘上。次龙骨不得搭接。在通风、水电等洞口周围应设附加龙骨，附加龙骨的连接用拉铆钉锚固。

6）安装边龙骨

边龙骨的安装应按设计要求弹线，墙柱上的水平龙骨线把镀锌角钢条用自攻螺钉固定；如果为混凝土墙可用射钉固定，射钉间距应不大于吊顶次龙骨的间距。

7）安装罩面板

①饰面板应在自由状态下固定，防止出现弯棱、凸鼓的现象；还应在棚顶四周封闭的情况下安装固定，防止板面受潮变形。

②纸面石膏板的场边（即包封边）应沿纵向次龙骨铺设。

③自攻螺钉与纸面石膏板边的距离，用面纸包封的板边以 10 ~ 15mm 为宜，切割的板边以 15 ~ 20mm 为宜。

④固定次龙骨的间距，间距以 300mm 为宜。

⑤钉距以 150 ~ 170mm 为宜，自攻螺钉应与板面垂直，已弯曲、变形的螺栓应剔除，并在相隔 50mm 的部位另安螺栓。

⑥安装双层石膏板时，面层板与基层板的接缝应错开，不得在一根龙骨上。

⑦石膏板的接缝及收口应做板缝处理。纸面石膏板与龙骨固定，应从一块板的中间向板的四边进行固定，不得多点同时作业。螺栓钉头宜略埋入板面，但不得损坏纸面，钉眼应做防锈处理并用石膏腻子抹平。

2. 软膜顶棚

（1）工艺流程

安装前检查→透光膜安装→软膜安装→开口处理→清洁卫生（图 6-3）。

（2）施工控制要点

1）安装前检查龙骨、灯口、喷淋、风口、残留物、墙面、收口是否可安装。应检查电源线、线头、喷淋头等是否包扎好，以防损坏软膜。

2）透光膜安装：把内藏灯开启，检查灯光是否稳定、是否有色差、龙骨边缘是否漏光，清理残物后安装软膜，尽量避免软膜接触污垢、灰尘等，整个过程要保证软膜的干净整洁。

3）软膜安装：找出对应的软膜，用吹风机或风炮调至合理挡位加热展开，距离不宜太近，温度不宜过高，以防损坏软膜。按对角、对点进行安装，扣边条、角位、软膜平整顺畅，大块软膜拼接时调直。安装过程中一定要注意软膜的保护，不要让软膜碰到周围尖锐、棱角物品，更要注意铲刀对自身的伤害。铲刀顶到扣边缝里后，一定确保刀与缝接触牢固，在用力往龙骨槽里拉时更要注意力度的均匀性，不要用力过猛，不然会使铲刀滑出扣边，伤到自己或邻近的软膜。

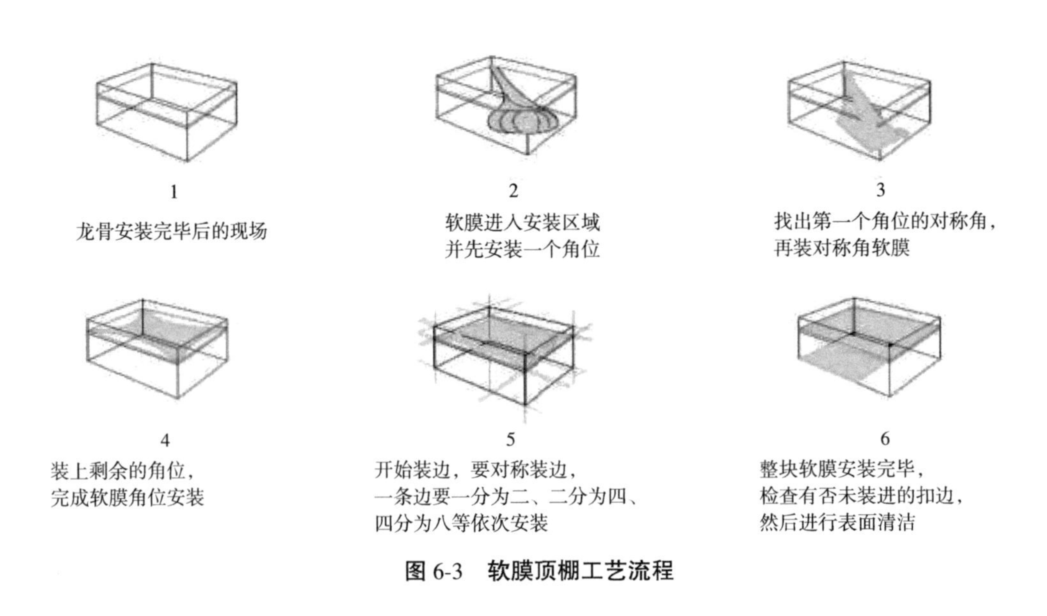

图 6-3 软膜顶棚工艺流程

4）开口处理

灯位：开口灯位在垫圈内径开小孔，用胶水与软膜、垫圈粘结，完成灯位装置孔，垫圈外径不得大于灯罩外缘直径。

喷淋：待软膜安装完毕，找准对点位，将安迪板垫圈与软膜粘结，完成喷淋装置孔，安迪板垫圈外径要小于喷淋饰盖直径。

风口、烟感：待软膜安装完毕，找准对点位，将软膜开孔（小于风口、烟感内径口），用胶水与风口、烟感底架安迪板均匀粘连，完成风口装置位施工。

胶水不宜超过粘结处，否则会影响效果。胶水太多反而会影响粘结效果。如遇局部软膜破损，用透明胶把裂缝粘齐，找同型号的软膜修补。

5）清洁卫生：软膜安装完毕，进行清洁处理，清洁用酒精等清洁剂清洗，自行验收。

3. 金属吊顶

（1）工艺流程

弹顶棚标高水平线、划分龙骨分档→固定吊柱杆件→安装龙骨→安装饰面板。

（2）施工控制要点

1）弹顶棚标高水平线、划分龙骨分档：根据图纸先在墙上、柱上弹出顶棚标高水平墨线，在顶板上画出吊顶布局，确定吊杆位置并与原预留吊杆焊接，如原吊筋位置

不符或无预留吊筋时，采用M8膨胀螺栓在顶板上固定，吊杆采用$\phi 8$钢筋加工。

2）固定吊柱杆件：固定悬吊需经两个过程，即吊杆钢筋或镀锌钢丝的固定和吊杆的悬吊。固定悬吊现用得最多的是$\phi 6 \sim \phi 8$的钢筋，通过固定在楼板的预留钢筋，或用铁膨胀螺栓，将吊挂钢筋焊在结构上，或用射钉将镀锌钢丝固定在结构上，另一端同主龙骨的圆形孔绑牢。镀锌钢丝不宜太细，如若单股使用，不宜用小于14号的铅丝，以免强度不够，造成脱落。这种方式适于不上人的活动式装配吊顶，较为简单。伸缩式吊杆、悬吊伸缩式吊杆的做法虽多，但用得较多的是将8号铅丝调直，用一个带孔的弹簧钢片将两根铅丝连起来，靠弹簧钢片调节与固定。其原理为：用力压弹簧钢片时，弹簧钢片两端的孔中心重合，吊杆便可伸缩自由。当手松开时，孔中心错位，与吊杆产生剪力，将吊杆固定。对于铝合金板吊顶，如选用将板条卡到龙骨上、龙骨与板条配套使用的龙骨断面，应采用伸缩式吊杆。

3）安装龙骨：主、次龙骨安装应从同一方向同时进行，施工程序：弹线就位→平直调整→固定边龙骨→主龙骨接长。安装时，根据已确定的主龙骨（大龙骨）弹线位置及弹出标高线，先大致将其基本就位。次龙骨（中、小龙骨）应紧贴主龙骨安装就位。龙骨就位后，再满拉纵横控制标高线（十字中心线），从一端开始，一边安装，一边调整，最后再精调一遍，直到龙骨平止。

4）安装饰面板：采用卡箍连接方式的，只需将金属板轻轻拍打进入卡槽内即可。

6.3.5　乳胶漆等涂饰工程施工方案

1. 工艺流程

清理墙面→修补墙面→刮腻子→刷底漆→刷1~3遍面漆。

2. 施工控制要点

（1）清理墙面：将墙面起皮及松动处清除干净，并用水泥砂浆补抹，将残留灰渣铲干净，然后将墙面扫净。

（2）修补墙面：用水石膏将墙面磕碰处及坑洼接缝等处找平，干燥后用砂纸将凸出处磨掉，将浮尘扫净。

（3）刮腻子：刮腻子遍数可由墙面平整程度决定，通常为三遍。第一遍用胶皮刮板横向满刮，干燥后打磨砂纸，将浮腻子及斑迹磨光，然后将墙面清扫干净。第二遍用胶皮刮板竖向满刮，所用材料及方法同第一遍腻子，干燥后用砂纸磨平并清扫干净。第三遍用胶皮刮板找补腻子或用钢片刮板满刮腻子，将墙面刮平刮光，干燥后用细砂纸磨平磨光，不得遗漏或将腻子磨穿。如采用成品腻子粉，只需加入清水搅拌均匀后即可使用，拌好的腻子应呈均匀膏状，无粉团。为提高石膏板的耐水性能，可先在石膏板上涂刷专用界面剂、防水涂料，再批刮腻子。批刮的腻子层不宜过厚，且必须待第一遍干透后方可批刮第二遍。底层腻子未干透不得做面层。

（4）刷底漆：涂刷顺序是先刷顶棚后刷墙面，墙面是先上后下。将基层表面清扫干净。乳胶漆用排笔（或滚筒）涂刷，使用新排笔时，应将排笔上不牢固的毛清理掉。底漆使用前应加水搅拌均匀，待干燥后复补腻子，腻子干燥后再用砂纸磨光，并清扫干净。

（5）刷 1 ~ 3 遍面漆：操作要求同底漆，使用前充分搅拌均匀。刷第 2 ~ 3 遍面漆时，需待前一遍漆膜干燥后，用细砂纸打磨光滑并清扫干净后再刷下一遍。由于乳胶漆膜干燥较快，涂刷时应连续迅速操作，上下顺刷互相衔接，避免干燥后出现接头。

6.3.6 楼地面找平层施工方案

1. 工艺流程

基层处理→测标高弹水平控制线→混凝土或砂浆搅拌→铺设混凝土或砂浆→找平→养护。

2. 施工控制要点

（1）基层处理

1）清除混凝土基层上的浮浆、松动混凝土、砂浆等，并用扫帚扫净。

2）有防水要求的楼地面工程，如厕所、卫生间等，必须对立管、套管和地漏与楼板节点之间进行密封处理。首先应检查地漏的标高是否正确；其次采用水泥砂浆或细石混凝土对管、套管和地漏等穿过楼板管道及管壁四周进行密封处理，使其稳固堵严。

3）施工时节点处应清洗干净并予以湿润，吊模后振捣密实。沿管的周边尚应划出深 8 ~ 10mm 沟槽，采用防水类卷材、涂料或油膏裹在立管、套管和地漏的沟槽内，以防止顺管道接缝处出现渗漏现象。

4）对有防水要求的楼地面工程，排水坡度应符合设计要求。

5）在有防静电要求的整体面层的找平层施工前，其下敷设的导电地网系统应与接地引下线和地下接电体有可靠连接，经电性能检测且符合相关要求后进行隐蔽工程验收。

（2）测标高弹水平控制线：根据墙上的 +1000mm 水平标高线，往下量测出垫层标高，有条件时可弹在四周墙上。

（3）混凝土或砂浆搅拌

找平层采用水泥砂浆时，体积比不宜小于 1∶3（水泥∶砂）；采用水泥混凝土时，其强度等级不应小于 C15；采用改性沥青砂浆时，其配合比宜为 1∶8（沥青∶砂和粉料）；采用改性沥青混凝土时，其配合比应由计算并经试验确定，或按设计要求配置。

（4）铺设混凝土或砂浆

1）找平层厚度按设计确定，水泥砂浆不小于 20mm，不大于 40mm，当找平层厚度大于30mm时，宜采用细石混凝土做找平层。

2）大面积地面找平层应分区段浇筑。区段划分应结合变形缝、不同面层材料的连接和设备基础等综合考虑。

3）铺设混凝土或砂浆前先在基层洒水湿润，刷一层素水泥浆（水灰比为0.4～0.5），然后从一段开始铺设，由里往外退着操作。铺设找平层前，当下一层有松散填充料时，应予以铺平振实。

（5）找平

1）随铺随用长木杠刮平拍实，表面塌陷处须补平，再用大杠尺刮一次，用木抹子搓平。

2）混凝土或砂浆铺设完后，以墙上水平标高线及找平墩为准检查平整度，有坡度要求的房间应按设计要求的坡度找坡。

（6）养护

已浇筑完的混凝土或砂浆找平层，应在12h左右覆盖和洒水养护，养护不少于7d。

6.3.7 楼地面铺设施工方案

1. 自流平施工

（1）工艺流程

基层检查→基层清理及处理→涂刷界面剂→ 自流平水泥施工→地面养护。

（2）施工控制要点

1）基层检查

全面彻底检查基层，清扫地面，将尘土、不结实的混凝土表层、油脂、水泥浆或腻子以及可能影响粘结强度的杂质等清理干净，使基层密实，表面无松动、杂物。打磨后仍存在的油渍污染，须用低浓度碱液清洗干净。对可能碰到的成品进行保护。

2）基层清理及处理

基层打磨后所产生的浮土，必须打扫干净（或用锯末彻底清扫），如基层出现软弱层或坑洼不平，必须先剔除软弱层，杂质清除干净，涂刷界面剂后，用强度高的混凝土修补平整，并达到充分的强度，方可进行下道工序。

伸缩缝处理：清洗伸缩缝，向伸缩缝内注入发泡胶，胶表面低于伸缩缝表面约20mm；然后涂刷界面剂，干燥后用拌好的自流平砂浆抹平堵严。

3）涂刷界面剂

①涂刷界面剂的目的是对基层封闭，防止自流平砂浆过早丧失水分，增强地面基层与自流平砂浆层的粘结强度，防止气泡的产生，改善自流平材料的流动性。

②按照界面剂使用说明要求，用软刷子将稀释后的界面剂涂刷在地面上，涂刷要

均匀、不遗漏，不得让其形成局部积液；对于干燥的、吸水能力强的基底要处理两遍，第二遍要在第一遍界面剂干燥后方可涂刷。

③确保界面剂完全干燥，无积存后，方可进行下一步施工。

4）自流平水泥施工

①应事先分区以保证一次性连续浇筑完整个区域。

②用量水筒准确称量适量清水置于干净的搅拌桶内，开动电动搅拌器，徐徐加入整包自流平材料，持续均匀地搅拌。使之形成稠度均匀、无结块的流态浆体，并检查浆体的流动性能。加水量必须按自流平材料的要求严格控制。

③将搅拌好的流态自流平材料在可施工时间内倾侧到基面上，任其像水一样流平开。应倾侧成条状，并确保现浇条与上一条能流态地融合在一起。

④浇筑的条状自流平材料应达到设计厚度。如果自流平施工厚度设计小于等于4mm，则需要使用自流平专用刮板进行批刮，辅助流平。

⑤在自流平初凝前，须穿钉鞋走入自流平地面，迅速用放气辊筒滚轧浇筑过的自流平地面，以排出搅拌时带入的空气，避免气泡、麻面及条与条之间的接口高差。

5）地面养护

施工完的地面须进行自然养护。宜在24h后才能上人行走，并可铺设其他地面材料。

2. 石材铺贴

（1）工艺流程

排版放线→找标高→基底处理→配置胶粘剂→石材铺贴→养护→勾缝。

（2）施工控制要点

1）排板放线

①将房间依照石材的尺寸，排出放置位置，并在地面弹出十字控制线和分格线。

②在正式铺设前，对每一房间的石材板块，应按图案、颜色、纹理试拼，将非整块板对称排放在房间靠墙部位，试拼后按两个方向编号排列，然后按编号码放整齐。

2）找标高：根据水平标准线和设计厚度，在四周墙、柱上弹出面层的上平高控制线。

3）基层处理：把沾在基层上的疏松物、落地灰等用钢丝刷清理掉，再用扫帚将浮土清扫干净。

4）配制胶粘剂：按胶粘剂比水为4∶1左右的比例进行混合，并搅拌调至稠度合适的浆体，静置10min，在这段时间内混合物稠度将会增大，再充分搅拌使其恢复至最初稠度即可使用，第二次搅拌时，一般情况下不需要再加水。

5）石材铺贴

①用抹子或齿形刮板将胶浆涂抹于基面上，将石材饰面材料揉压或搓动贴在胶浆上摆正，也可按常规贴法将拌合胶浆抹于石材背面，再用力搓压到墙上，摆正，刮去多余胶浆。

②铺石材时应先在房间中间按照十字线铺设十字控制板块，之后按照十字控制板块向四周铺设，并随时用2m靠尺和水平尺检查平整度。大面积铺贴时应分段、分部位铺贴。

③如设计有图案要求时，应按照设计图案弹出准确分格线，并做好标记，防止差错。

6）养护：当石材面层铺贴完应养护，养护时间不得小于7d。

7）勾缝：当石材面层的强度达到可上人时（结合层抗压强度达1.2MPa），进行勾缝，用同种、同强度等级、同色的掺色水泥膏或专用勾缝膏。颜料应使用矿物颜料，严禁使用酸性颜料。缝要求清晰、顺直、平整、光滑、深浅一致，缝色与石材颜色一致。

3. 门槛石饰面

（1）工艺流程

测量复核→胶粘剂搅拌→铺设胶粘剂→门槛石安装→收口。

（2）施工控制要点

1）测量复核

①地面装饰完成线即门槛石的面层控制高度；门洞口墙垛及墙垛延长线即门槛石位置控制线。

②将门槛石按相应尺寸分放到各安装位置后，对门洞口进行测量，复核门槛石尺寸无误后，方可进行安装。

2）胶粘剂搅拌

严格按照胶粘剂使用说明书配合比和搅拌方式配置胶粘剂；使用说明书未明确说明的，一般采取二次搅拌法，先用量杯计量，将自来水加入桶中，再用电子秤计量，将胶粘剂逐量加至混合比例（水与粘结干粉的质量比一般为1∶4），并用低速（150r/min）搅拌器（750W）搅拌至均匀无粉粒膏糊状；水化静置5min后进行二次搅拌1～3min至胶粘剂充分熟化，将搅拌好的胶粘剂用铲刀刮起后呈不下滴状态为佳。

3）铺设胶粘剂

根据地面设计标高和门槛石厚度确定胶泥厚度，按照铺贴顺序用锯齿镘刀在地面上均匀地滩涂胶粘剂（注意控制厚度，以保证粘贴完成后地面标高合适），然后用锯齿镘刀与地面呈一定角度沿直线方向梳理成饱满的条状。

4）门槛石安装

①将门槛石按压入安装位置进行粘贴，贴上后用木锤轻轻敲击，使之固定，粘贴

时应随时用靠尺找平找直，并将流出的砂浆擦掉，以免污染邻近的饰面。

②门槛石采用胶粘法施工时，如门槛石材料厚度过小，在安装前应进行水泥砂浆找平层施工，增加基层标高。

③对于面积较小的门槛石部位，也可用环氧树脂等胶粘剂直接镶贴。

④有防水要求的地面在施工时，如已先安装好门槛石，应将防水层上反涂刷门槛石厨卫间侧立面；如门槛石在防水施工后安装，地面与门槛石应严格控制打胶收口质量。

⑤门槛石在现场测量及加工过程中，应对门槛石进行统一编号，门槛石运输至现场后，按编号把门槛石搬运至相应位置。

⑥门槛石在安装前应放置在干燥清洁、地面平整的地方，避免日晒雨淋，不得和腐蚀物质接触。

⑦粘结基层撒水润湿应均匀，且不得有明水，如有明水应及时扫开或用墩布吸干。

5）收口

①门槛石与门洞口缝隙使用硅酮密封胶收口，在收口前，须清理缝隙，除去灰尘、油污或其他杂物。

②要求胶缝顺直、平滑、均匀美观，多余的胶液应及时清除，避免对墙壁门槛石造成污染。

4. 地板铺设

（1）工艺流程

基层处理→铺设防潮层→预排木地板→面板铺贴→安装踢脚线→清理。

（2）施工控制要点

1）基层处理：要求平整度 3m 内误差不得大于 2mm，基层应干燥。

2）铺设防潮层：垫层为聚乙烯泡沫塑料薄膜，横向搭接宽度不小于 150mm，且沿墙体四周上翻 100mm，严禁防潮膜破损。防潮层可增加地板隔潮作用，增加地板的弹性及稳定性，减少行走时地板产生的噪声。

3）预排木地板：长缝顺入射光方向沿墙铺放。槽口对墙，从左至右，两板端头企口插接。木地板与墙留 8～10mm 缝隙，用木楔调直，暂不涂胶，拼铺三排进行修整，检查平直度，符合要求后按排拆下放好。

4）面板铺贴：按预排板块顺序，接缝涂胶拼接，用木槌敲击挤紧。复验平直度，横向用紧固卡带将三排地板卡紧，每排最后一块地板端部与墙仍留 8～10mm 缝隙。在门洞口，地板铺至洞口外墙皮与外侧地板平接。如为不同材料时，留 5mm 缝隙，用卡口缝条盖缝。

5）安装踢脚线：先按踢脚线高度弹水平线，清理地板与墙缝隙中杂物，安装踢脚线。

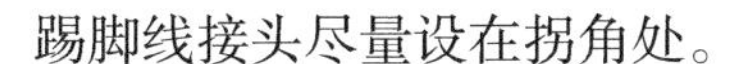

踢脚线接头尽量设在拐角处。

6）清理：每完一间待胶干后扫净杂物，用湿布擦净。

（3）施工注意事项

1）复合木地板，放入准备铺装的房间，须48h后方可拆包铺装。

2）木地板与四周墙必须留缝，以备地板伸缩变形，地板面积超过30m^{2}时中间要留缝。

3）木地板铺装48h后方可使用。

5. 地毯铺设

（1）工艺流程

清理基层→裁剪地毯→钉木卡条和门口压条→接缝处理→铺接工艺→修整、清理。

（2）施工控制要点

1）清理基层

铺设地毯的基层要求具有一定的强度。基层表面必须平整，无凹坑、麻面、裂缝，并保持清洁干净。若有油污，须用丙酮或松节油擦洗干净，高低不平处应预先用水泥砂浆填嵌平整。

2）裁剪地毯

根据区域尺寸和形状，用裁边机从长卷上裁下地毯。每段地毯和长度要比区域长度长约20mm，宽度要以裁出地毯边缘后的尺寸计算，弹线裁剪边缘部分。要注意地毯纹理的铺设方向是否与设计一致。

3）钉木卡条和门口压条

采用木卡条（倒刺板）固定地毯时，应沿区域四周靠墙脚1 ~ 2cm处，将卡条固定于基层上。在门口处，为不使地毯被踢起和边缘受损，达到美观的效果，常用铝合金卡条、锑条固定。卡条、锑条内有倒刺扣牢地毯。锑条的长边与地面固定，待铺上地毯后，将短边打下，紧压住地毯面层。卡条和压条可用钉条、螺栓、射钉固定在基层上。

4）接缝处理

地毯是背面接缝。接缝是将地毯翻过来，使两条缝平接，用线缝后，刷白胶，贴上牛皮胶纸，缝线应较结实，针脚不必太密。

5）铺接工艺

用张紧器或膝撑将地毯在纵横方向推移伸展，使之拉紧，平伏地平，以保证地毯在使用过程中遇至一定的推力而不隆起。张力器底部有许多小刺，可将地毯卡紧而推移，推力应适当，过大易将地毯撕破，过小则推移不平，推移应逐步进行。用张紧器张紧后，四周应挂在卡条上或铝合金条上固定。

6）修整、清理

地毯完全铺好后，用搪刀裁去多余部分，并用扁铲将边缘塞入卡条和墙壁之间的缝中，用吸尘器吸去灰尘等。

6.3.8 墙面饰面工程施工方案

1. 瓷砖饰面

（1）工艺流程

基层处理→排砖→选砖→粘贴面砖→擦缝清理。

（2）施工控制要点

1）基层处理

①将凸出墙面的混凝土剔平，对基体混凝土表面很光滑的要凿毛，或用可掺界面剂胶的水泥细砂浆做小拉毛墙，也可刷界面剂，并浇水湿润基层。

② 10mm 厚 1∶3 水泥砂浆打底，应分层分遍抹砂浆，随抹随刮平抹实，用木抹搓毛。

③待底层灰六七成干时，按图纸要求、面砖规格及结合实际条件进行排砖、弹线。

2）排砖

①根据排版图及墙面尺寸进行横竖向的排砖，以保证面砖缝隙均匀，符合设计图纸的要求，注意大墙面、柱子和垛子要排整砖，以及在同一墙面上的横竖排列，均不得有小于 1/4 砖的非整砖。门头不得有刀把砖。非整砖行要排列在次要部位。如遇有突出的卡件,应用整砖套割吻合。墙面阴角位置在排砖时应注意留出 8mm 伸缩缝位置，贴砖后用密封胶填缝。

②用废瓷砖贴标准点，用做灰饼的混合砂浆贴在墙面上，用以控制贴瓷砖的表面平整度。

③垫底尺，计算准确最下一皮砖下口标高，底尺上皮一般比地面低 lcm 左右，以此为依据放好底尺。

3）选砖：面砖镶贴前，应挑选颜色、规格一致的砖；浸泡砖时，将面砖清扫干净，放入净水中浸泡 2h 以上，取出待表面晾干或擦干净后方可使用（如使用预拌砂浆粘贴则无需泡砖）。

4）粘贴面砖：面砖宜采用专用瓷砖胶粘剂铺贴，一般自下而上进行，整间或独立部位宜一次完成。阳角处瓷砖采取 45° 对角，并保证对角缝垂直均匀。粘结墙砖在基层和砖背面都应涂批胶粘剂，粘结厚度在 5mm 为宜，抹粘结层之前应用有齿抹刀的元齿直边将少量的胶粘剂用力刮在底面上，清除底面的灰尘等杂物，以保证粘结强度，

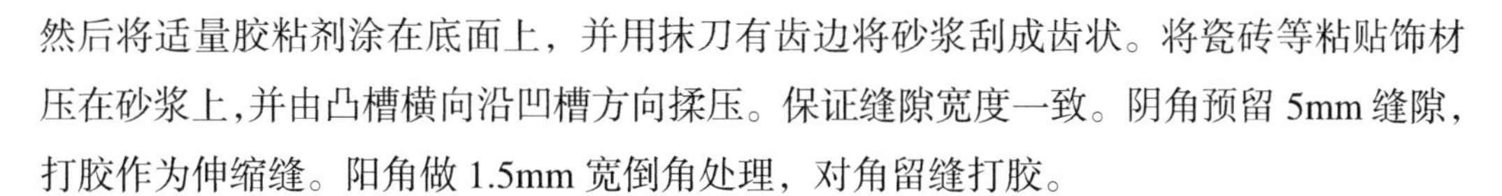

然后将适量胶粘剂涂在底面上，并用抹刀有齿边将砂浆刮成齿状。将瓷砖等粘贴饰材压在砂浆上,并由凸槽横向沿凹槽方向揉压。保证缝隙宽度一致。阴角预留 5mm 缝隙，打胶作为伸缩缝。阳角做 1.5mm 宽倒角处理，对角留缝打胶。

5）擦缝清理：贴完经自检无空鼓、不平、不直后，用棉丝擦干净，用勾缝胶、白水泥或拍干舀水泥擦缝，用布将缝的素浆擦匀，砖面擦净。

2. 石材块料干挂饰面

（1）工艺流程

轴线、标高复核→材料确认→成品样板制作→立柱、横梁安装→隐蔽验收→ 阳角吊线→石材安装→衔接收口。

（2）施工控制要点

1）轴线、标高复核

在建筑物的四大角和门窗洞口边用经纬仪打垂直线，按照设计图纸，在地面、墙面上分别弹出底层石材位置线和墙面石材的分块线。在墙面上，根据石材的分块线和石板开槽（打孔）位置弹出纵横向龙骨位置线。

2）材料确认

①施工单位进行石材采购时应提供采购源石材样品，经与设计师确认的材料样板比对无误后，方可进行大面采购。

②提供整套合同及设计中涉及的材料样品包括槽钢、角钢、石材用胶、不锈钢五金配件等，经建设方检查，符合设计及合同要求后，方可根据样品大面积采购同规格、同材质材料。

3）成品样板制作

在业主制定区域制作工艺样板，按设计及合同要求的材料和工艺进行施工，完成后经各方确认，方可进行大面积施工。通过样板的制作，也可发现施工中的问题，可调整工艺，并确定最终效果。

本项目样板须报业主、设计及监理认可。由项目部组织召开样板制作技术总结会议，每个队伍将各自区域、型式的样板做技术交流与技术难题探讨。

4）立柱、横梁安装

①立柱安装由底层安装开始，由下及上安装，第一道安装定位放线尤其重要。通过水平拉线通视及吊垂线通视定位，先点焊，待拉线及吊线校正后，再满焊，紧固螺栓固定。

②横梁安装由底层安装开始，通过水平拉线通视及吊垂线通视定位，先点焊，待拉线及吊线校正后，统一再满焊固定。横梁为镀锌角钢预制，上方须预钻孔位用于安装 T 形连接码件。

5）隐藏验收

防锈处理前，检查焊缝长度，以及是否存在焊缝缺陷：裂纹、孔空、固体夹杂、未熔合、未焊透、形状缺陷等。

板材安装前，检查焊缝的防锈处理、螺栓的紧固、伸缩节间距等。

6）阳角吊线

石材安装前做好准备工作，阳角吊线控制石材定位，预装 T 形不锈钢连接码件。

7）石材安装

短平槽的长度≥ 100mm，有效槽深度≥ 15mm，开槽宽度为 6 ~ 7mm；两短槽边距离石板两端部的距离≤石板厚度的 3 倍，≥ 85mm 且≤ 180mm，两短槽边间距离≤ 600mm，故当板材整长 >960mm 时，须在石材中间增加挂点石材安装应保证接缝要求，并保持顺直，特别是相邻阴阳角的两边接缝不能有高低差，否则直接影响打胶收口的观感质量。定缝垫块应离开石材表面，往缝内放，保证为接缝施胶作业留足空间。

8）衔接收口

与门窗洞口的衔接收口：石材墙面区域内的门窗以墙面通视线为准居中定位。保证石材完成面压过或偏离框边 5mm，以保证开启扇开启及打胶盖口。

与栏杆的衔接收口：每层的栏杆以幕墙通视线为准居中定位。先施工栏杆，后施工交接处，交接处石材做栏杆衬钢套割孔位，收口石材应保证无色差及套割美观。

与饰面板的衔接收口：石材先于饰面板安装，切割口应紧贴结构及饰面板龙骨外皮，饰面板内侧完成面应与石材完成面协调，保证平顺过渡。

3. 金属铝板饰面

（1）工艺流程

测量放线→安装龙骨固定件→安装龙骨及配件→安装铝板面板。

（2）施工控制要求

1）测量放线

①根据总平面图用测量仪器进行测设，制定施工控制网点测放方案，其测量工作程序为先整体后局部。在放测各格线时，必须与主体结构实测数据相配合，对主体的误差进行分配、消化。

②墙面的放线：首先确定基准线，水平基准线以 1m 标高线为基准；垂直基准线以 1m 标高线为基准，垂直于地面；离墙平行线，根据离壁墙实际距离做墙面平行线，如遇消防、设备箱，必须测量实际离墙距离，充分考虑安装位置。如安装位置因墙的斜度而不足时，必须在消防、设备箱的侧垂线位置，根据离壁墙距离放墙面平行线。

2）安装龙骨固定件

①根据施工图及方向位置在结构基层上弹好水平高线，在结构面上打孔，并安装

膨胀螺栓等龙骨固定件。选用与膨胀螺栓直径相匹配的钻头，用冲击钻钻出固定件安装孔，钻孔深度应能保证膨胀螺栓进入混凝土结构层不小于60mm，将钻孔内灰粉清理干净，塞入锚栓，用扳手禁锢锚栓，禁锢力矩40～45N·m，保证锚栓禁锢可靠。如钻孔时，碰到钢筋，可在固定件腰形孔内，换一位置钻孔。

②铝板饰面内部的各专业管道的管线、设备等根据铝板饰面内各部分的净空高度，确立以小让大的原则，定出各专业管道的标高、平面位置及走向，再确定铝板龙骨固件，有冲突的固定件根据现场实际情况做相应的定位，首先确保铝板龙骨的平直，避免弯曲而影响铝板饰面效果。

3）安装龙骨及配件

安装龙骨支架前必须根据图纸及现场实际尺寸开线，并明确水平线及龙骨固定件的位置，才可以开始安装。

4）安装铝板面板

①龙骨支架安装后，马上按图分段测量水平，调整好高度，然后方可试挂铝板，从一个方向开始依次从下往上挂板，并注意吊钩先于龙骨连接固定，再钩住板材上边沿；待其他隐蔽工作完成后开始安装铝板，然后进行总体调整，最后进行饰面清洁。

②管道井门、消火栓门等特殊部位的加工及安装：管道井门、消火栓门采用镀锌方管做背架。铝板作为门板面，从背面用螺钉固定，五金件为专用暗装合页和锁，确保墙面整体美观，同时满足使用功能。

③墙面阳角和窗角阳角的加工及安装：各部位阳角按照设计采用铝板压制而成。墙面阳角采用整体板块，两块板拼缝位置在板边200mm位置。

4. 墙布、墙纸

（1）工艺流程

基层处理→涂刷防潮层和底胶→弹线→测量与裁剪→涂刷胶粘剂→裱糊。

（2）施工控制要求

1）基层处理

被糊墙布的基层是混凝土面、抹灰面（如水泥砂浆、水泥混合砂浆、石灰砂浆等），要满刮腻子一遍打磨砂纸。但有的混凝土面、抹灰面有气孔、麻点、凸凹不平时，为了保证质量，应增加满刮腻子和磨砂纸遍数。木基层要求接缝不显接槎、接缝、钉眼应用腻子补平并满刮油性腻子一遍（第一遍），用砂纸磨平。第二遍可用石膏腻子找平，腻子的厚度应减薄，可在该腻子五六成干时，用塑料刮板有规律地压光，最后用干净的抹布轻轻将表面灰粒擦净。石膏板比较平整，批抹腻子主要是在对缝处和螺钉孔位处。对缝批抹腻子后，还需用棉纸带贴缝，以防止对缝处的开裂。在纸面石膏板上，应用腻子满刮一遍，找平大面，再刮第二遍腻子进行修整。不同基层材料的相接处，如石膏板与木夹板、水泥或抹灰面与木夹板、水泥或抹灰面与石膏板之间的对缝，应用棉纸带或穿孔纸带粘贴封口，以防止裱糊后的墙布面层被拉裂撕开。

2）涂刷防潮层和底胶

为了防止墙布因受潮脱落，刷一层防潮涂料。防潮底漆用酚醛清漆与汽油或松节油来调配。底漆应均匀，不宜厚。防潮层施工完后再刷一道底胶，底胶一遍成活，但不得漏刷。

3）弹线

①在底胶干燥后弹划出水平、垂直线，弹出的线作为后续安装操作的依据，以保证墙布裱糊后，横平竖直，图案端正。

②弹垂线：有门窗的区域以立边分划为宜，对于无门窗口的墙面，可挑一个近窗台的角落，在距墙布幅宽短 5cm 处弹垂线，如果墙布有花纹，在裱糊时要考虑拼贴对花，使其对称，则宜在窗口弹出中心控制线，再往两边分线；如果窗口不在墙面中间，为保证窗间墙的阳角处对称，则宜在窗间墙弹中心线，由中心线向两侧再分格弹垂线，所弹垂线应越细越好，方法是在墙上部钉小钉，挂铅垂线，确定垂线的位置后，再用粉线包弹出基准垂直线。每个墙面的第一条垂线，应该定在距墙角距离小于墙布幅宽 50 ~ 80mm 处。

③水平线：墙布的上面应以挂镜线为准，无挂镜线时，应弹水平线控制水平。

4）测量与裁剪

一般地，量出墙顶（或挂镜线）到墙脚（踢脚线上口）的高度，考虑修剪的量，两端各留出 30 ~ 50mm，然后剪出第一段墙布。有图案的材料，特别是主题图形较大的，应将图形自墙的上部开始对花，然后由专人负责，统筹规划小心裁割出来，并编上号，以便按顺序粘贴。裁好的墙布要卷起平放，不得立放。

5）涂刷胶粘剂

墙布背面和墙面都应涂刷胶粘剂，涂刷应薄而匀，不得漏刷。阴角处应增刷 1 ~ 2 遍胶。纸背刷胶要均匀，不裹边、不起堆，以防溢出，弄脏墙布。

6）裱糊

裱糊墙布时，首先要垂直，后对花纹拼缝，再用刮板用力抹压平整。原则是先垂直面后水平面，先细部后大面。贴垂直面时先上后下，贴水平面时，先高后低。从墙面所弹垂线开始至阴角处收口。

第一张墙布裱糊。刷胶后的墙布对折后将其上半截的边缘靠着垂线成一直线，轻轻压平，并由中间向外用刷子将上半截纸敷平，然后如法炮制下半截纸。拼缝裱贴墙布的方法也是如此。整个墙面的墙布裱糊上后要用墙布刀将多余部分裁割，并压好边。

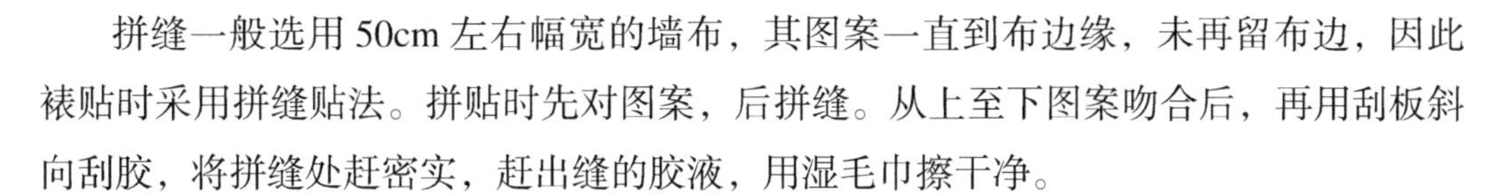

拼缝一般选用50cm左右幅宽的墙布，其图案一直到布边缘，未再留布边，因此裱贴时采用拼缝贴法。拼贴时先对图案，后拼缝。从上至下图案吻合后，再用刮板斜向刮胶，将拼缝处赶密实，赶出缝的胶液，用湿毛巾擦干净。

5. 墙面硬包

（1）工艺流程

基层处理→吊直、套方、找规矩、弹线→软硬包制作→安装贴脸或装饰边线。

（2）施工控制要求

1）基层处理

在结构墙上预埋木砖抹水泥砂浆找平层。如果是直接铺贴，待土建墙体抹灰干燥后，进行空鼓与平整度检测，并根据地区气候环境等要求，决定是否需要对墙体做防潮、防腐、防火。

“三防”处理：底板拼缝用油腻子嵌平密实，满刮腻子1～2遍，待腻子干燥后，用砂纸磨平，粘贴前基层表面满刷清油一道。

2）吊直、套方、找规矩、弹线

根据设计图纸要求，把该区域需要软包墙面的装饰尺寸、造型等通过吊直、套方、弹线等工序，把实际尺寸与造型落实到墙面上。

3）软硬包制作

①皮革类：裁剪适合尺寸的人造板，以及大小符合的海绵块，将海绵块粘贴在人造板上，粘贴要牢固。将人造皮革绷紧包裹在海绵板上，并在背后用钉子固定。稳固起见，皮革边缘要打胶固定。按面料的柔韧性及花纹方向，保持先固定长边两头，再固定两侧，固定拉紧受力要均匀（可采用电线管包裹整边拉紧），保持花纹整体性和根据花纹模数对纹。最后用尺子定好钉扣的位置，将钉扣固定在皮革软包上。

②布艺类：做好的软包模块基层，所有夹板和线条均采用防火木，每个造型模块均应有独立编号，以免安装时错位。填充棉厚度须略高于实木收边线条1～2mm，防止线条露边。填放时用万能胶粘贴于底板上，保持平整无松动。按面料纹理排板裁剪时注意调整方向，如遇异型软硬包，要注意面料损耗，可错位裁剪；包好的软包模块应在木质基层上试摆，观测整体装饰效果是否与设计一致。

4）安装贴脸或装饰边线

根据设计选定和加工好的贴脸或装饰边线，按设计要求把油漆刷好，便可进行装饰板安装工作，与基层固定和安装贴脸或装饰边线，最后涂刷镶边油漆成活。

6. 木饰面、免漆板

（1）工艺流程

放线→铺设木龙骨→木龙骨刷防火涂料→安装防火夹板→面层板安装。

（2）施工控制要求

1）放线：根据图纸和现场实际测量的尺寸，确定基层木龙骨分格尺寸，将施工面积按 300～400mm 均匀分格木龙骨的中心位置，然后用墨斗弹线，完成后进行复查，检查无误开始安装龙骨。

2）铺设木龙骨：用木方采用木榫扣方，做成网片安装在墙面上，安装时先在龙骨交叉中心线位置打直径 14～16mm 的孔，将直径 14～16mm、长 50mm 的木楔植入，将木龙骨网片用铁钉固定在墙面上，再检查平整和垂直度，并进行调整，达到质量要求。

3）木龙骨刷防火涂料：铺设木龙骨后将木质防火涂料涂刷在基层木龙骨可视面上。

4）安装防火夹板：用自攻螺钉固定防火夹板安装后用靠尺检查平整，如果不平整应及时修复直到合格为止。

5）面层板安装：面层板用专用胶水粘贴后用靠尺检查平整，如果不平整应及时修复直到合格为止。挂装时可采用 8mm 中密度板正、反裁口或专业挂件挂装。

7. 成品玻璃及隔断

（1）工艺流程

弹线定位→下料加工→框架安装→玻璃安装。

（2）施工控制要求

1）弹线定位：根据隔墙安装定位控制线，先在地面上弹出隔墙的位置线，再用垂直线法在墙、柱上弹出位置及高度线和沿顶位置线。

2）下料加工：有框玻璃隔墙型材下料时，应先复核现场实际尺寸，有水平横挡时，每个竖框均应以底边为准，在竖框上划出横挡位置线和连接部位的安装尺寸线，以保证连接件安装位置准确和横挡在同一水平线上。

3）框架安装

①一般从隔墙框架的一端开始安装，先将靠墙的竖向型材与角铝固定，再将横向型材通过角铝件与竖向型材连接。铝合金框架与墙、地面固定可通过铁件来完成。

②当玻璃板隔断的框为型钢外包饰面板时，将边框型钢（角钢或薄壁槽钢）按已弹好的位置线进行试安装，检查无误后与预埋铁件或金属膨胀螺栓焊接牢固，再将框内分格型材与边框焊接。型钢材料在安装前做好防腐处理，焊接后经检查合格，补做防腐。

③当面积较大的玻璃隔墙采用吊挂式安装时，应先在建筑结构梁或板下做出吊挂玻璃的支撑架，并安好吊挂玻璃的夹具及上框。

4）玻璃安装

①玻璃就位：边框安装好后，先将槽口清理干净，并垫好防振橡胶垫块。安装时两侧人员同时用玻璃吸盘把玻璃吸牢，抬起玻璃，先将玻璃竖着插入上框槽口内，然

后轻轻垂直落下，放入下框槽口内。

②调整玻璃位置：先将靠墙（或柱）的玻璃就位，使其插入贴墙（柱）的边框槽口内，然后安装中间部位的玻璃。两块玻璃之间应按设计要求留缝。如果采用吊挂式安装，应逐块将玻璃夹紧、夹牢。

③边框装饰：无竖框玻璃隔墙的边框一般情况下均嵌入墙、柱面和地面的饰面内，须按设计要求的节点做法精细施工。边框不嵌入墙、柱或地面时，则按设计要求对边框进行装饰。

④嵌缝打胶：玻璃全部就位后，校正平整度、垂直度，用嵌条嵌入槽口内定位，然后打硅酮结构胶或玻璃胶。胶缝宽度应一致，表面平整，并清除溢到玻璃表面的残胶，玻璃板之间的缝隙注胶时，可以采用两面同时注胶的方式。

8. 吸声板安装

（1）工艺流程

弹线、分档→固定沿顶、沿地龙骨→固定边框龙骨→电气铺管、安装附墙设备→龙骨检查校正补强→安装吸声墙面板。

（2）施工控制要点

1）弹线、分档：在隔墙与上、下及两边基体的相接处，应按龙骨的宽度弹线。弹线清楚，位置准确。按设计要求，结合罩面板的长、宽分档，以确定竖向龙骨、横撑及附加龙骨的位置。

2）固定沿顶、沿地龙骨：沿弹线位置固定沿顶、沿地龙骨，用20mm长射钉或膨胀螺栓固定，固定点间距应不大于600mm，龙骨对接应保持平直；顶龙骨用锚固胶与顶板固定，固定点间距不大于300mm。

3）固定边框龙骨：沿弹线位置固定边框龙骨，龙骨的边线应与弹线重合。龙骨的端部应固定，固定点间距应不大于1m，固定应牢固。边框龙骨与基体之间，应按设计要求安装密封条。

4）电气铺管、安装附墙设备：按图纸要求预埋管道和附墙设备。要求与龙骨的安装同步进行，或在另一面吸声板封板前进行，并采取局部加强措施，固定牢固。电气设备专业在墙中铺设管线时，应避免切断横、竖向龙骨，同时避免在沿墙下端设置管线。

5）龙骨检查校正补强：安装罩面板前，应检查隔断骨架的牢固程度，门窗框、各种附墙设备、管道的安装和固定是否符合设计要求。如有不牢固处，应进行加固。龙骨的立面垂直偏差应≤ 3mm，表面不平整偏差应≤ 2mm。

6）安装吸声墙面板

①吸声板宜竖向铺设，长边（即包封边）接缝应落在竖龙骨上。仅隔墙为防火墙时，吸声板应竖向铺设。

②龙骨两侧的吸声板及龙骨一侧的内外两层吸声板应错缝排列，接缝不得落在同一根龙骨上。

③吸声板用自攻螺钉固定，沿吸声板周边螺钉间距不应大于 200mm，中间部分螺钉间距不应大于 300mm，螺钉与板边缘的距离应为 10 ~ 16mm。

④安装吸声板时应从板的中部向板的四边固定，钉头略埋入板内，不得损坏纸面。吸声板宜使用整板，如需对接时，应紧靠，但不得强压就位。

⑤隔墙端部的吸声板与周围的墙或柱应留有 3mm 的槽口。施工时，先在槽口处加注嵌缝膏，然后铺板，挤压嵌缝膏使其和邻近表层紧密接触。

⑥安装风机房吸声板时，吸声板不得固定在沿顶、沿地龙骨上，应另设横撑龙骨加以固定。

7）铺放墙体内的吸声板。吸声板与安装另一侧纸面吸声板同时进行，填充材料应铺满铺平。

6.3.9 电气、给水排水等工程施工方案

1. 线管敷设

（1）工艺流程

施工准备→预制加工→测定盒、箱位置→固定盒、箱→管路连接→隐蔽验收。

（2）施工控制要点

1）施工准备：敷设于多尘和潮湿场所的 JDG 电线管路、管口、管子连接处应做密封处理，管路应沿最近的路线敷设并尽量减少弯曲，埋入墙或混凝土内的管子，离表面的净距离不应小于 15mm；埋入地下的电线管路不宜穿过设备基础。

2）预制加工

①钢管摵弯：当 JDG 管径为 20mm 及以下时，用手扳摵弯器。JDG 管径为 25mm 及其以下时，使用液压摵弯器。

②管子切断：用钢锯、割管器、砂轮锯进行切管，将需要切断的管子量好尺寸，放在钳口内卡牢固进行切割。切割断口处应平齐不歪斜，管口刮锉光滑、无毛刺，管内铁屑除净。

③管子套丝：采用套丝板、套管机。采用套丝板时，应根据管外径选择相应板牙，套丝过程中，要均匀用力；采用套丝机时，应注意及时浇冷却液，丝扣不乱、不过长，消除渣屑，丝扣干净清晰。

3）测定盒、箱位置：根据设计要求确定盒、箱轴线位置，以土建弹出的水平线为基准，挂线找正，标出盒、箱实际尺寸位置。

4）固定盒、箱：先稳住盒、箱，然后灌浆，要求砂浆饱满、平整牢固、位置正确。

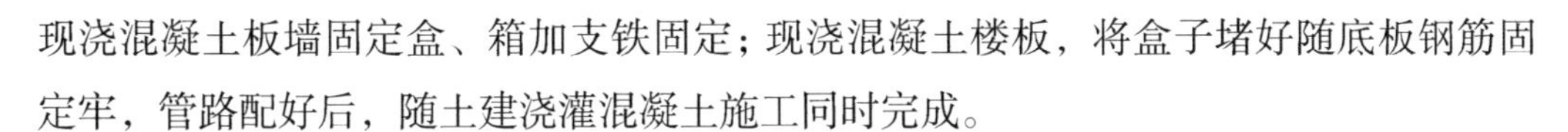

现浇混凝土板墙固定盒、箱加支铁固定；现浇混凝土楼板，将盒子堵好随底板钢筋固定牢，管路配好后，随土建浇灌混凝土施工同时完成。

5）管路连接

①管径 20mm 及其以下的 JDG 管，必须用管箍丝扣连接。管子连接处使用直径为 6mm 的圆钢来焊接子跨接部位，套丝不得有乱扣现象，管口锉平光滑平整，管箍必须使用通丝管箍，接头应牢固紧密，外露丝应不多于 2 扣；管径 25mm 及其以上钢管，可采用管箍连接或套管焊接，套管长度应为连接管径的 1.5 ~ 3 倍，连接管口的对口处应在套管中心，焊口应焊接牢固严密。

②管进盒、箱连接：盒、箱开孔应整齐并与管径吻合，盒、箱上的开孔用开孔器开孔，保证开孔无毛刺，要求一管一孔，不得开长孔。铁制盒、箱严禁用电焊、气焊开孔，并应刷防锈漆。管口进入盒、箱，管口应用螺母锁紧，锁紧螺母的丝扣为 2 ~ 4 扣。两根以上管进入盒、箱要长短一致，间距均匀，排列整齐。

③暗敷方式：随墙（砌体）配管，配合土建工程砌墙立管时，该管应放在墙中心，管口向上者应封好，以防砂浆或其他杂物堵塞管子。往上引管有吊顶时，管上端应揻成 90° 进入吊顶内，由顶板向下引管不宜过长，以达到开关盒上口为准，等砌好隔墙，先稳盒后接短管。

6）隐蔽验收

暗管敷设完毕后，在自检合格的基础上，应及时通知业主、监理代表检查验收，并及时填写隐蔽验收记录。

2. 管内穿线

（1）工艺流程

选择导线→穿带线→清扫管路→放线→断线→导线与带线的绑扎→管内穿线→导线包扎→线路检查及绝缘摇测。

（2）施工控制要点

1）选择导线：各回路的导线应严格按照设计图纸选择型号规格，相线、零线及保护地线应加以区分，用黄、绿、红导线分别作 A、B、C 相线，黄绿双色线作接地线，黑线作零线。

2）穿带线：穿带线的目的是检查管路是否畅通，管路的走向及盒、箱质量是否符合设计及施工图要求。带线采用 2mm 的钢丝，先将钢丝的一端弯成不封口的圆圈，再利用穿线器将带线穿入管路内，在管路的两端应留有 10 ~ 15cm 的余量（在管路较长或转弯多时，可以在敷设管路的同时将带线一并穿好）。当穿带线受阻时，可用两根钢丝分别穿入管路的两端，同时搅动，两根钢丝的端头互相钩绞在一起，然后将带线拉出。

3）清扫管路：配管完毕后，在穿线之前，必须对所有的管路进行清扫。清扫管路的目的是清除管路中的灰尘、泥水等杂物。具体方法为将布条的两端牢固地绑扎在带线上，两人来回拉动带线，将管内杂物清净。

4）放线：放线前应根据设计图对导线的规格、型号进行核对，放线时导线应置于放线架或放线车上，不能将导线在地上随意拖拉，更不能野蛮使力，以防损坏绝缘层或拉断线芯。

5）断线：剪导线时，导线的预留长度按以下情况予以考虑：接线盒、开关盒、插销盒及灯头盒内导线的预留长度为15cm；配电箱内导线的预留长度为配电箱箱体周长的1/2，导线的预留长度为1.5m，干线在分支处，可不剪断导线而直接做分支接头。

6）导线与带线的绑扎：当导线根数较少时，可将导线前端的绝缘层削去，然后将线芯直接插入带线的圈内并折回压实，绑扎牢固；当导线根数较多时或导线截面较大时，可将导线前端的绝缘层削去，然后将线芯斜错排列在带线上，用绑线缠绕绑扎牢固。

7）管内穿线：在穿线前，应检查钢管（电线管）各个管口的护口是否齐全，如有遗漏和破损，均应补齐和更换。穿线时应注意以下事项：

①同一交流回路的导线必须穿在同一管内；不同回路、不同电压和交流与直流的导线，不得穿入同一管内；导线在变形缝处，补偿装置应活动自如，导线应留有一定的余量。

②导线连接：导线连接不应增加电阻值，受力导线不能降低原机械强度，不能降低原绝缘强度。为了满足上述要求，在导线须电气连接时，必须削掉绝缘再进行连接面后加焊，包缠绝缘。

③导线焊接：根据导线的线径及敷设场不同，焊接的方法有以下两种：电烙铁加焊法，适用于线径较小的导线的连接及用其他工具焊接较困难的场所（如吊顶内）。导线连接处加焊接剂，用电烙铁进行锡焊；喷灯加热法（或用电炉加热），将焊锡放在锡勺内，然后用喷灯加热，焊锡熔化后即可进行焊接。加热时必须要掌握好温度，以防出现温度过高，测锡饱满；温度过低，涮锡不均匀的现象。焊接完毕后，必须用布将焊接处的焊剂及其他污物擦净。

8）导线包扎：首先用橡胶绝缘带从导线接头处始端的完好绝缘导线开始，缠绕1～2个绝缘带宽度，再以半幅宽度重叠进行缠绕。在包扎过程中应尽可能地收紧绝缘带（一般将橡胶绝缘带拉长2倍后再进行缠绕），而后在绝缘层上缠绕1～2圈后。

9）线路检查及绝缘摇测

①有关施工验收规范及质量验收标准的规定，不符合规定的应立即纠正，检查无误后方可进行绝缘摇测。

②绝缘摇测：导线线路的绝缘摇测一般选用500V、量程为0～500MΩ 的兆欧表。

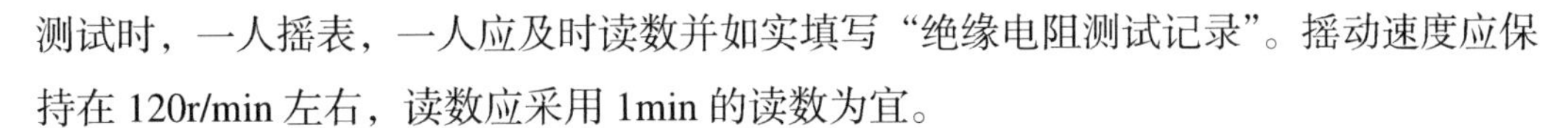

测试时，一人摇表，一人应及时读数并如实填写“绝缘电阻测试记录”。摇动速度应保持在120r/min左右，读数应采用1min的读数为宜。

3. 照明灯具安装

（1）工艺流程

灯具检查→嵌入式灯具安装→吸顶式安装→3kg以上的灯具安装→通电试亮。

（2）施工控制要点

1）灯具检查：灯具的型号规格符合设计要求；各种标志灯的指示方向正确无误；应急灯必须灵敏可靠。

2）嵌入式灯具安装：按照设计图纸，配合装饰工程的吊顶施工确定灯位。如为成排灯具，应先接好灯位中心线、十字线定位。成排安装的灯具，中心线允许偏差为5mm。在吊顶板上开灯位孔洞时，应先在灯具边框盖好吊顶孔洞。轻型灯具直接固定在吊顶龙骨上。

3）吸顶式安装：根据设计图确定出灯具的位置，将灯具紧贴建筑物顶板表面，使灯体完全遮盖住灯头盒，并用胀管螺栓将灯具予以固定。在电源线进入灯具进线孔处应套塑料管以保护导线。如果灯具安装在吊顶上，则用自攻螺钉将灯体固定在龙骨上。

4）3kg以上的灯具安装：必须有专门的支吊架，且支吊架安装牢固可靠。导线进入照明器具的绝缘保护良好，不伤线芯，连接牢固紧密且留有适当余量。

5）通电试亮：灯具安装完毕且各条纹路的绝缘电阻摇测合格后，方能进行通电试亮工作，通电后应仔细检查和巡视，检查灯具的控制是否灵活、准确；开关与灯具控制顺序是否相对应，如发现问题必须先断电，然后查找原因进行修复。通电运行24h无异常现象，即可进行竣工验收。

4. 开关、插座安装

（1）工艺流程

基层清理→开关接线→插座接线→开关安装→开关、插座的固定。

（2）施工控制要点

1）基层清理：用小刷子轻轻将接线盒内残存的灰块、杂物清出盒外，再用湿布将盒内灰尘擦净。

2）开关接线：灯具（或风机盘管等电器）的相线必须经开关控制。

3）插座接线：面对插座，插座的左边孔接零线、右边孔接相线、上面的孔接地线，即左“零”右“相”上“地”。

4）开关安装：明装、暗装。安装时，开关面板应端正、严密并与墙面平；开关位置应与灯位相对应，同一室内开关方向应一致；成排安装的开关高度应一致，高低差不得大于 2mm。

5）开关、插座的固定：将接线盒内的导线与开关或插座的面板按要求接线完毕后，将开关或插座推入盒内（如果盒子较深，大于 2.5cm 时，应回装无底盒），对正盒眼，用螺栓固定牢固，固定时要使面板端正，并与墙面平齐。开关、插座的面板并列安装时，高度差允许为 0.5mm。同一场所开关，插座的高度允许偏差为 5mm，面板的垂直允许偏差为 0.5mm。

5. 给水支管道安装

（1）工艺流程

安装准备→预制加工→干管安装→立管安装→支管安装→管道试压→管道系统冲洗、消毒。

（2）施工控制要点

1）安装准备

①技术准备：安装前根据图纸及建筑标高定位线进行测量放线，确定管道位置。

②材料准备：根据图纸备好材料，管材、管件等材料应有质量检验部门的产品合格证及具有相关检测中心的检测报告，给水管道必须采用与管材相适应的管件，管材应标有规格、生产厂的名称和执行的标准号，管件上应有明显的商标和规格代号，生活给水系统所涉及的管材必须达到国家饮用水卫生标准。

2）预制加工

按设计图纸画出管道分路、管径、预留管口及阀门位置等的施工草图，按标记分段量出实际安装的准确尺寸，记录下来并按草图及实际测得的尺寸预制加工。

3）干管安装

干管安装一般在支架安装完成后进行。可先在主干管中心线上定出各分支主管的位置，标出主管的中心线，然后将各主管间的管段长度测量记录并在地面进行下料和预试组装，预制时同一方向的主管保证在同一直线上，且管道的变径应在分出支管之后进行。组装好的管子，应在地面进行检查，若有歪斜扭曲，则应进行调直。上管时，应将管道放置在支架上，用预制好的管卡将管子固定，防止管道滚落伤人。干管安装后，还应进行最后的校正调直，保证整根管子水平面和垂直面在同一直线上并最后固定牢。给水干管按 0.002 ~ 0.005 坡度敷设，坡向泄水装置。管道在穿过结构伸缩缝处，须采用柔性连接，在管道或保温层外皮上、下部留有不小于 150mm 的净空，在穿墙体处应增设穿墙套管，套管两端与墙壁饰面相平，套管与管道之间的间隙用阻燃密实材料填实，穿墙套管随结构预留，位置尺寸参照施工图纸。

4）立管安装

给水立管分主管、支立管分步预制安装。安装前首先根据图纸要求或给水配件及卫生器具的种类确定支管的高度，在地面上画出横线；再用线坠吊在立管的位置上，在墙上弹出或画出垂直线，并根据立管卡的高度在垂直线上确定出立管卡的位置并画好横线，然后再根据所画横线和垂直线的交点从上至下统一修整洞口并栽管卡。两个以上的管卡均匀安装，成排管道或同一房间的立管卡和阀门等的安装高度保持一致。开洞安装时应首先经结构专业确认，不得随意切断楼板钢筋，必须切断时，须经结构专业同意，并在立管安装后焊接加固。管卡栽好后，再根据干管和支管横线，测出各立管的实际尺寸进行编号记录，在地面统一进行预制和组装，在检查和调直后方可进行安装。上好的立管要进行最后检查，保证垂直度和离墙距离，使其正面和侧面都在同一垂直线上。最后把管卡收紧，或用螺栓固定于立管上。冷热水立管安装要求热水管在左，冷水管在右。给水立管每层设管卡，高度距地面 1.5m；层高大于 5m 以上应采用两个或两个以上管卡均匀安装。若立管采用暗装时，在管道施工完成，进行压力试验合格，报监理验收合格后，方可进行保温及隐蔽工程施工。

5）支管安装

安装支管前，先按立管上预留的管口在墙面上画出（或弹出）水平支管安装位置的水平线，并在水平线上按图纸要求画出各分支线或给水配件的位置中心线，再根据中心线测出各支管的实际尺寸进行编号记录，根据记录尺寸进行下料和预制，检查调直后进行安装。给水立管和装有 3 个或 3 个以上配水点的支管始端，以及给水阀后面按水流方向均应设置可装拆的连接件。给水支管安装前核定各卫生洁具冷热水预留口高度、位置，找平正后栽支管卡件。当冷热水管或冷热水龙头并行安装时，应符合下列规定：上下平行安装，热水管在冷水管上方安装；垂直安装时，热水管在冷水管的左侧安装；在卫生器具上安装冷热水龙头，热水龙头安装在左侧。

6）管道试压

水压试验宜分段进行，试验的长度不宜大于 1000m，对中间设有附件的管段，水压试验分段长度不宜大于 500m，系统中有不同材质的应分别进行试压。采用分段试压，每段管路两端用短堵管相连，堵板封闭。压力表应安装在试验管段的最低处且不少于 2 块。

管网注水点应设在管段的最低处，由低向高将各个用水的管末端封堵，关闭入口总阀门和所有泄水阀门及低处泄水阀门，打开各分路及主管阀门，水压试验时不连接配水器具。注水时打开系统排气阀，排净空气后将其关闭。

充满水后进行加压，升压采用电动打压泵，先升至工作压力并检查。检查无渗漏等现象时继续升压至管道的试验压力 0.6MPa。

当压力升到设计规定试验值时停止加压，进行检查，接口、阀门等如无渗漏，持续观测 10min，观察其压力下降不大于 0.02MPa，然后将压力降至工作压力检查，不渗不漏即为合格。

打压过程中，检查全部系统，如有漏水则在该处应做好标记，进行修理，修理时应先泄压，后修理；修好后再充满水进行试压，试压合格后由有关人员验收签认，办理相关手续。对起伏较大和管线较长的试验管段，可在管段最高处进行 2 ~ 3 次充水排气，确保充分排气。

水压试验合格后把水有组织地泄净，再进行隐蔽工作，将管端与配水龙头接通，并以管网的设计工作压力供水，将所有配水点同时开启，各配水点的出水应通畅，并检查水压、流量是否满足使用要求。

7）管道冲洗、消毒

生活给水管道，在投入使用前，应进行冲洗和消毒。管道在试压完成后，调试、运行前即可做冲洗、消毒工作，冲洗应用自来水连续进行，应保证有充足的流量。冲洗洁净后经有关部门取样检验，符合现行国家标准《生活饮用水卫生标准》GB 5749 后方可办理验收手续。

6. 排水支管道安装

（1）工艺流程

安装准备→预制加工→干管安装→立管安装→支管安装→ 闭水试验→通水、通球试验。

（2）施工控制要点

1）安装准备

①技术准备：安装前根据图纸及建筑标高定位进行测量放线，确定管道位置。

②材料准备：根据图纸备好材料，管材、管件等材料应有质量检验部门的产品合格证及检测报告；排水管道必须采用与管材相适应的管件；管材应标有规格生产厂的名称和执行的标准号；管件上应有明显的商标和规格代号。

2）预制加工

按设计图纸画出管道分路、管径、预留管口位置等的施工草图，按标记分段量出实际安装的准确尺寸，记录下来并按草图及实际测得的尺寸预制加工。

3）干管安装

排水干管安装管道安装前应先放线。安装托、吊干管要先搭设架子，将托架按设计坡度栽好或栽好吊卡量准吊杆尺寸，将预制好的管道托、吊牢固，并将立管预留口位置及首层卫生洁具的排水预留管口，按室内地平线、坐标位置及轴线找好尺寸，接至规定高度，将预留管口装上临时封堵。排水管坡度应符合施工规范规定，坡度过小或倒坡均会影响使用效果。排水管道穿越墙体处做法同给水管道。

4）立管安装

排水立管安装根据施工图校对预留管洞尺寸有无差错，如有偏差则需剔凿楼板洞，剔凿楼板时按位置画好标记，经结构专业同意后对准标记剔凿，断筋时，按结构要求处理。不能剔凿的应由机械开孔。安装立管时上下配合就位，在复核立管垂直度后，将立管临时固定牢固。立管安装完毕后，配合业主将洞口与管道间隙灌满堵实，并拆除临时支架。立管每层设检查口，高度距安装地面1m。

5）支管安装

支管安装应先搭好架子，并将托架按坡度栽好，或栽好吊卡，量准吊架尺寸，将预制好的管道抬到架子上，再将支管组对安装。支管设在吊顶内，末端有清扫口的，将管接至上层地面上，便于清掏。排水支管一定要按规定的坡度进行安装，不允许有倒坡、平坡的现象。支管安装完后，可将卫生洁具或设备的预留管安装到位，找准尺寸并配合土建将楼板孔洞堵严，预留管口装上临时封堵。

6）闭水试验

吊顶内排水管道、管井排水管道、埋地排水管道等隐蔽工程在隐蔽前进行闭水试验，内排水管道安装完毕亦要进行闭水试验。

闭水试验前应将各预留口堵严，在系统最高点灌水，灌水高度应不低于卫生器具的上边缘。由灌水口将水灌满后，满水15min水面下降后，再灌满观察5min，液面不降，对管道系统的管材、管件及接口进行检查无渗漏为合格，如有渗漏则做好标记待泄水后处理，修好后再进行灌水试验，直到合格后，请监理单位验收，办理签认。

楼层吊顶内管道的闭水试验应在下一层立管检查口处用橡皮气胆将立管封堵，由本层预留口处灌水试验。闭水试验完毕后将气胆取出。

7）通水、通球试验

排水主立管及水平干管管道必须做通球试验。通球直径不得小于排水管道管径的2/3。从立管顶端投入小球，在干管检查口或室外排水口处观察，发现小球为合格。干管通球试验要求从干管起始端投入小球，并向管内通水，在户外的第一个检查井处观察，发现小球流出为合格。

6.3.10 风幕机暖通工程施工方案

1. 技术准备

（1）技术人员必须认真熟悉施工图纸及有关技术资料，进行图纸会审。风幕机设备规格型号品牌应符合设计及品牌库要求。

（2）技术人员已向施工人员进行技术、质量、安全交底，对风幕机安装施工工艺的操作方法已明确，并做好相应的交底记录。

（3）与建设单位、监理单位、设备厂商共同进行设备的开箱检验。设备所带备件、配件应齐备完好。随设备所带资料和产品合格证应完备，已做好开箱检查记录。

2. 作业条件

（1）安装前检查现场，应具备足够的运输空间及场地。应清理干净设备安装地点，要求无影响设备安装的障碍物及其他管道、设备、设施等。

（2）设备和主、辅材料已运抵现场，安装所需机具已准备齐全，安装平台已搭建。

3. 工艺流程

支架安装→支架刷漆→安装板固定→风幕机安装。

4. 施工控制要点

（1）支架安装

支架安装前先确定中心线位置，角钢长度以现场实测檩条间距为准。角钢使用切割机切割后应用手提式电动砂轮对切割面进行打磨，在焊接前保证切割面无飞边、毛刺和污损。在外墙门梁及其上檩条上通长焊接 8 根 L40×4 热镀锌角钢。焊接方式为满焊，焊脚尺寸不小于 5mm。相邻风幕机安装应有 20mm 的间距，角钢间距根据风幕机后安装板螺栓位置间距确定。

（2）支架刷漆

风幕机支架安装完成后，在安装支架表面先涂刷底漆、中间漆，再涂刷防火涂料。防火涂料为超薄型防火涂料，厚度不小于 1.2mm。防火涂料涂刷前角钢支架应通过检验并符合设计要求，位置、尺寸无偏差，表面平整，无油污、灰尘。防火涂料使用专业稀释剂进行稀释，使用前搅拌使之均匀一致、稠度合适，在涂刷后不产生流坠现象。涂刷时注意抹平表面，随配随用，涂刷后注意保护。

（3）安装板固定

1）把安装板上的螺栓旋开，并取下安装板。

2）根据安装板高度，在角钢支架上钻孔，并将螺栓焊接固定在角钢上，螺栓露出角钢长度不超过 15mm，以免安装不上。

3）将安装板放入螺栓中，使用螺母固定，安装的时候安装板与角钢之间不能有空隙。

（4）风幕机安装

把风幕机安装在安装板上，用螺栓固定。风幕机水平安装，安装前使用水平仪定位，保证水平，几个风幕机相邻安装要有 20mm 的间距。风幕机线路可通过 C 形钢檩条内槽安装。

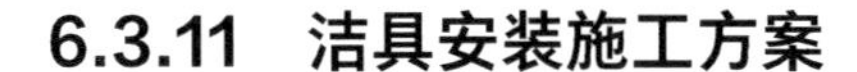

6.3.11　洁具安装施工方案

1. 工艺流程

卫生洁具配件检验→卫生洁具配件预装→卫生洁具稳装→卫生洁具安装的保护措施。

2. 施工控制要点

（1）卫生洁具配件检验

1）卫生洁具的规格、型号符合设计要求，并有出厂产品合格证。卫生洁具外观应规矩，造型周正，表面光滑、美观、无裂纹，边缘平滑、色调一致。

2）卫生洁具零件规格应标准、质量可靠、外表光滑、电镀均匀、螺纹清晰、锁母松紧适度，无砂眼、裂纹等缺陷，并由厂家配套供应。

3）卫生洁具水箱应采用节水型。

4）角阀、水咀、地漏、排水口等应与洁具连接相匹配。

（2）卫生洁具配件预装

1）先将虹吸管、锁母、根母、下垫卸下，涂抹油灰后，将虹吸管插入水箱出水孔，将管下垫，平垫圈套在管上。拧紧根母要松紧适度。将锁母拧在虹吸管上。虹吸管浮球阀开启方向要利于下一步漂球安装即可。

2）将漂球拧在漂杆上，并与浮球阀背轴连接好，再把塑料补水管上好后即完成。

3）安装扳手时，先将圆盘塞入背水箱左上角方孔内，把圆盘上入方内丝用手拧至松紧适度，扳手轴插入圆盘孔内，套上挑杆，插入开口销。将挑杆与翻板阀用尼龙线连接，扳动扳手使挑杆上翻板阀活动自如即可。

（3）卫生洁具稳装

1）将坐便器预留排水管口露出楼地面一般宜为35mm（包括贴瓷砖），水管口周围清理干净，取下临时管堵，检查坑管内有无杂物。

2）将坐便器出水口对准预留排水口放平、找正，在座便器两侧固定螺栓眼画好印记，移开坐便器，将印记做好十字线。

3）用冲击电锤打M10膨胀螺栓孔，深度尺寸应适当，把镀锌膨胀螺栓固定在孔内，将坐便器试稳，使固定螺栓与坐便器孔吻合，移开坐便器，将坐便器排水口环形沟槽及排水管口周围抹上油灰后，把坐便器对准螺栓放平、找正，螺栓上套好石棉软垫、平垫圈，螺母拧至松紧适度。安装后坐便器边缘离地面尺寸要求为380mm。

4）对准坐便器尾部中心，在墙上画好垂直线，在距地面800mm（毛地面为820mm）的高度画水平线，按背水箱固定孔眼的距离，中心线均分打孔插入M10镀锌膨胀螺栓，螺栓上套好10～20mm厚橡胶板，将背水箱挂在螺栓上与坐便器中心对正，再在螺栓上套好软垫圈，带上平垫圈，螺母拧至松紧适度即可（考虑二次装饰、背水箱离墙面距离 10 ~ 20mm）。

5）坐便器角尺弯与坐便器进水口之间用锁母连接，进水口无锁母的可采用胶皮碗形式加硅胶密封。

6）用聚四氟乙烯生料带缠好角阀丝扣，与进水管口相连，再用铜管或不锈钢软管把角阀出口、水箱进水口用扳手拧紧，拧紧时松紧应适度，防止损坏配件。

（4）卫生洁具安装的保护措施

1）卫生洁具入库前应验收，入库的洁具应无破损、裂纹，表面光洁，包装完好。

2）入库后应轻挪轻放，注意堆稳，避免损坏。

3）卫生洁具安装前应将上、下水接口临时堵好，并且卫生间应及时关闭。

4）卫生洁具安装后应平稳、牢固，并将各进入口堵塞好。

6.3.12 不锈钢饰面施工方案

1. 材料质量要求

（1）确保其表面有足够的刚度。

（2）不锈钢的保护膜在加工和安装期间不能撕掉。

2. 施工工艺

样品确认→放线→试安装→安装→成品保护。

3. 施工控制要点

（1）样品确认：先做好接口与转弯接口的样品，样品经确认。

（2）放线：安装前一定要先定出纵横轴线、垂直线、控制线，并验证实际加工尺寸。安装柱子前必须确认其尺寸、规格与设计是否相符，确保安装顺利。

（3）试安装：安装时要先进行试安装，如有尺寸不吻合，应送工厂返工或修理。

（4）安装：安装时要抹胶均匀，由里向缝口顺序压紧，排胶排气，使板材与底板贴紧，挤出的胶液要立即擦净，不能留有胶痕。焊接采用彩氩焊接，接口处焊接要牢固，磨平抛光后看不出接口。无法抛光的转弯接口不用焊接，但其接口必须相当吻合。

（5）成品保护：完工后一定要做好保护处理，特别要防止硬物撞击，以及脱落或弯头损坏等异常现象。

6.3.13 木门安装施工方案

1. 材料验收要点

检查门框和扇安装前应先检查有无窜角、翘扭、弯曲、劈裂，如有以上情况应先进行修理。一般采用红、白松及硬杂木干燥料，含水率不大于 12%，并不得有裂缝、

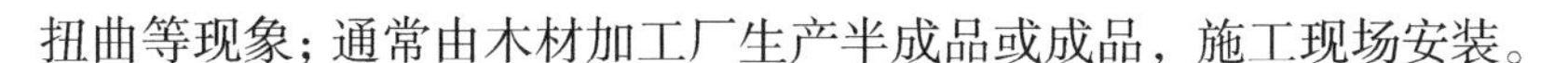

扭曲等现象；通常由木材加工厂生产半成品或成品，施工现场安装。

2. 其他控制要点

防腐剂：氟硅酸钠，其纯度不应小于 95%，含水率不大于 1%，细度要求应全部通过 1600 孔 /cm^2 的筛或稀释的冷底子油涂刷木材与墙体接触部位进行防腐处理。门框的安装应依据图纸尺寸核实后进行安装，并按图纸开启方向要求，安装时注意裁口方向。安装高度按室内 50cm 平线控制。

3. 施工工艺

找规矩弹线→门框安装→塞缝→门扇、门套收口线条、五金安装。

4. 施工控制要点

（1）找规矩弹线：全面检查施工现场门洞、地面及墙面情况，复核水平线、墙体厚度尺寸，确定结构预留位及门号、开启方向等。

（2）门框安装：门框安装应保证牢固，门框应用薄钢板拉至墙体两侧，用射钉固定。

（3）塞缝：用市场认可的品牌发泡剂填塞，再用石膏细部抹平。

（4）门扇、门套收口线条、五金安装

1）先确定门的开启方向及小五金型号和安装位置，对开门扇扇口的裁口位置开启方向，一般右扇为盖口扇。

2）检查门口是否尺寸正确，边角是否方正，有无窜角；检查门口高度应量门的两侧；检查门口宽度应量门口的上、中、下三点，并在扇的相应部位定点画线。

3）将门扇靠在框上划出相应的尺寸线，如果扇大，则应根据框的尺寸将大出的部分刨去，若扇小应绑木条，用胶和钉子钉牢，钉帽要砸扁，并钉入木材内 1 ~ 2mm。第一修刨后的门扇应以能塞入口内为宜，塞好后用木楔顶住临时固定。按门扇与口边缝宽的合适尺寸，画第二次修刨线，标上合页槽的位置（距门扇的上、下端 1/10，且避开上、下冒头），同时应注意门扇与口边安装的平整。

门扇二次修刨，缝隙尺寸合适后即安装合页。应先用线勒子勒出合页的宽度，根据上、下冒头 1/10 的要求，钉出合页安装边线，分别从上、下边线往里量出合页长度，剔合页槽时应留线，不应剔得过大、过深。

合页槽剔好后，即安装上、下合页，安装时应先拧一个螺栓，然后关上门检查缝隙是否合适，口与扇是否平整，无问题后方可将螺栓全部拧上拧紧。木螺栓应钉入全长的 1/3 拧入 2/3。

如门窗为黄花松或其他硬木时，安装前应先打眼。眼的孔径为木螺栓的 0.9 倍，眼深为螺线长的 2/3，打眼后再拧螺栓，以防安装劈裂或螺栓拧断。

4）安装对开扇：应将门扇的宽度用尺量好再确定中间对口缝的裁口深度。如采用企口榫时，对口缝的裁口深度及裁口方向应满足装锁的要求，然后对四周修刨到准确尺寸。

五金安装应按设计图纸要求，不得遗漏。一般门锁、碰珠、拉手等距地高度95～100cm，插销应在拉手下面，对开门扇装暗插销时，安装工艺同自由门。不宜在中冒头与立梃的结合处安装门锁。

安装玻璃门时，一般玻璃裁口在走廊内，厨房、厕所玻璃裁口在室内。

门扇开启后易碰墙，为固定门扇位置应安装定门器，对有特殊要求的门应安装门扇开启器，其安装方法，参照产品安装说明书。

6.4 收边收口处理方案

装修收口是通过对装饰面的边、角以及衔接部分的工艺处理，以达到弥补饰面装修的不足之处，增加装饰效果的目的。它一方面是指饰面收口部位的拼口接缝以及对收口缝的处理，用饰面材料遮盖、避免基层材料外露影响装修效果；另一方面是指用专门的材料对装饰面之间的过渡部位进行装饰，以增强装修的效果。一般来说装修收口的方法主要有压边、留缝、碰接、榫接等方法，这些方法应该根据设计的风格、装修的档次、材料的性质、构件的形式进行选用。

1. 压边收口处理方式

压边收口法是装修收口最基本、最常用的方法，不同饰面材料之间以及不同结构之间的收口均可采用此方法，就是用相邻两种材料或构件中的一种遮盖在另一种材料或构件之上以达到收口目的。压边收口有以下几种处理方式：

（1）易于加工或处理的饰面遮盖难于加工处理的饰面，选用易于在施工现场加工或处理的饰面作为遮盖饰面。对遮盖材料进行处理，使施工缝更加严密，也节省人工。当收口材料不宜加工处理、收口缝难以做到密实时，需要使用嵌缝胶对收口缝进行处理。如抹灰墙身与钢质门收口时，使用钢门框压抹灰来进行收口，这是因为钢门框更易成型美观。若使用抹灰面来遮盖钢门框，一方面抹灰很难成型，施工难度较大，另一方面抹灰层也很难附着在钢饰面上，所以用钢门框压住抹灰层是最好的施工方法。但是当进行钢门框与石材墙身的收口时，两种材料的质地都比较硬，如果要求二者收口缝必须严密一致的话，施工起来费时费工，难度极大。于是，我们使用嵌缝胶来处理收口缝，可大大降低施工难度，同时还可使饰面具有一定的收缩性。

装修施工中，饰面常常因变形而需留有一定的伸缩空间，避免挤爆或是拉裂装饰面。这些部位采用压边法收口，给下层可能变形的饰面留一定的伸缩空间，可以避免收口缝产生变形。

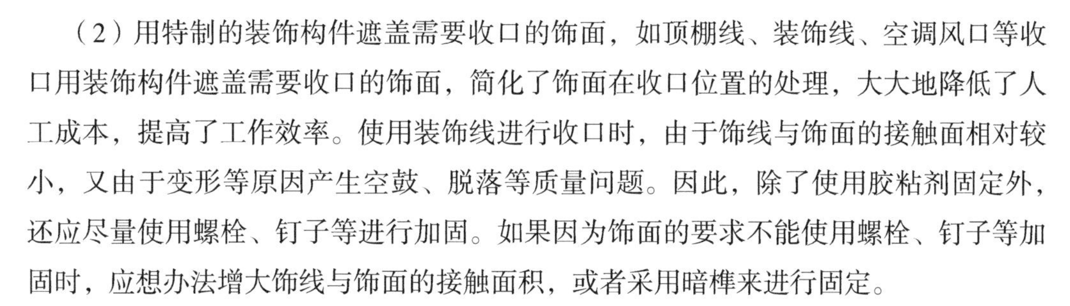

（2）用特制的装饰构件遮盖需要收口的饰面，如顶棚线、装饰线、空调风口等收口用装饰构件遮盖需要收口的饰面，简化了饰面在收口位置的处理，大大地降低了人工成本，提高了工作效率。使用装饰线进行收口时，由于饰线与饰面的接触面相对较小，又由于变形等原因产生空鼓、脱落等质量问题。因此，除了使用胶粘剂固定外，还应尽量使用螺栓、钉子等进行加固。如果因为饰面的要求不能使用螺栓、钉子等加固时，应想办法增大饰线与饰面的接触面积，或者采用暗榫来进行固定。

2. 留缝收口方式

留缝收口法是在相邻的材料或构件之间留出一定宽度的缝隙进行收口。这种收口方法有五种情况：

（1）质地较硬的材料收口

质地较硬的材料，特别是体积较大时，如果使用密缝收口很难保持接缝严密，因此质地较硬、规格较大的材料，例如石材、玻璃等，收口方式通常采用留缝收口。材料规格较小时，使用留缝收口可以使饰面显得整齐美观，但是会增加施工的人工。是否留缝一般按设计师的设计要求和风格决定。如果材料规格误差较大时，可适当留缝避免累计误差。收口缝的大小根据材料的尺寸确定，施工完毕后用水泥膏等进行勾缝处理。

还有一种留缝收口是由建筑师的设计风格决定的，主要用来分隔不同的构件或者分隔不同的建筑部位。这种留缝收口其实是综合运用各种收口方法做出一定宽度的收口缝或者分割缝，来达到收口的目的。这种留口既是一种收口施工工艺，也是一种设计风格。

碰接收口方式：碰接收口法在木饰面材料的收口中使用较多，其做法通常是将木构件的碰接边刨成一定角度的斜角，然后彼此搭接。木饰面碰接收口一般出现在大面积的木饰面、阳角木饰面等搭接的位置。需要注意的是，由于碰口的部位一般使用胶水等胶粘剂进行固定，强度不高；而木材容易随温度和湿度的变化产生变形，在碰口的位置容易产生翘曲空鼓变形。当发生翘曲空鼓变形时，可以用针筒将胶水注入空鼓的部位，然后压平、固定牢固。

榫接收口方式：榫接收口法一般用在厚度较大的木饰面板或是实木材料的收口中，具有一定的强度，不仅是收口的一种方法，还是木作施工连接的一种方法。一般只用在具有特殊要求的部位，例如木板的拼接。

装修施工中应用处理：以上介绍的一些装修常用的收口方法，在实际设计施工中应根据设计效果和施工成本控制的要求灵活应用。在同一收口位置，不同的收口方法都有可能达到同样的收口效果，而同样的收口方法由于对细部处理的不同也可能产生不同的装饰效果。收口方法的选用一般由设计师的风格和意图、饰面的构造和功用、施工的难度以及材料的性质决定。

（2）墙面与地面收口

1）涂料墙面与地面砖交接收口

墙面与地面之间主要用踢脚线或踢脚板来收口。踢脚板收口有内凹式和凸式两种。踢脚板材料可用实木板、厚木夹板及塑料板、石料板等。

2）瓷砖踢脚线与内墙涂料收口

使用瓷砖胶贴踢脚线，踢脚线粘贴完成后保证粘贴面与墙面距离小于5mm，瓷砖踢脚线施工保证瓷砖胶粘贴饱满、填缝剂勾缝密实，再使用腻子勾缝后打磨。进行涂料施工前应使用美纹纸粘贴保护，避免涂料施工污染瓷砖，保证瓷砖上涂料收口的线条顺直、平滑。

3）墙面砖与地面砖交接收口

在所有的墙地砖交接处，必须是先完成交接部位墙砖铺贴后，再进行地砖铺贴，保证地面砖收口压于墙面砖。地面砖与墙面砖间的空隙应小于2mm，砖缝使用专用填缝剂进行勾缝。

（3）墙面与顶棚收口

设置工艺槽：即在墙面石材上口与吊顶板面交接处设置8mm×8mm裁口，石材安装完成后与顶面间即形成工艺槽，该工艺槽的存在实际上将交界面往后推进了8mm，使装饰完成后交界口产生的缺陷被隐藏在工艺槽里。

设置倒角：一般在墙面最顶部一块石材的上口正面以5mm×5mm的45°倒角，然后石材直接顶到吊顶，完成后石材面与吊顶面间自然形成5mm的边缝，同时有效避免石材爆边、交界口开裂等缺陷。

留空设置：对高度较高（一般6m以上）、施工面积较大的石材墙面，在石材顶端与吊顶间留出20mm左右的间隙，同时石材顶端正面以2mm×2mm的45° 内倒角，克服石材爆边缺陷，同时交界面缺陷被隐藏。

吊顶设置凹槽：吊顶周边设置跌级或凹槽，墙面石材直接置顶，同时墙面顶端石材正面以2mm×2mm的45° 倒角。

（4）墙面与铝合金门窗收口

铝合金窗台位置内墙涂料应与铝合金完成面高度一致或低于铝合金框5mm。窗台侧边与铝合金门窗交接垂直墙面，窗洞内侧砂浆压住铝合金窗边框1～1.5cm，然后进行腻子、乳胶漆施工。在涂料施工前，铝合金框应用美纹纸满贴交界面，避免涂料污染铝合金框。

（5）地面与铝合金门窗收口

地面瓷砖（石材）与铝合金推拉门收口处，缝隙预留应为3mm，空隙处使用防霉硅酮密封胶进行塞缝，勾缝密实，地面装修完成面应低于门框完成面顶部3～5mm。

第7章

大型体育场馆建设发展

7.1 国外体育中心的建设发展

国外曾产出了许多伟大的体育建筑，如古希腊的奥林匹克体育场、古罗马的大角斗场等。这些经典体育建筑或与自然景观结合，或融入城市空间中，塑造了具有场所感的空间,但它们均以建筑单体的形式出现,并未形成组群。体育中心真正出现于近代，并与现代奥林匹克运动的发展密切相关。

1896年在雅典举办的第一届现代奥林匹克运动会体育场在原古希腊运动场遗址的基础上改造而来；1908年伦敦奥运会出现了一个复合式的体育设施，7万人的体育场内不仅包括运动场跑道，还包括内围的体操场地、外围的自行车道和泳池，并且两边看台还有顶棚，从某种层面上说，1908年伦敦奥运会主体育场是现代体育中心的雏形。

早期奥运会场馆建设均是以单个体育场为主，其余设施分布在城市各个区域，而历史上第一次大规模集中建设体育场馆和体育设施则出现在1932～1936年的柏林奥运会周期中，当时的德国政府为1936年奥运会兴建了所谓的“帝国体育场”，作为奥运会场馆建筑群，共占地132hm^2，包括一座10万人的体育场、一座2万人的游泳池，还有体操馆、篮球场、曲棍球场等大量集中的体育场馆和体育设施，其中主体育场为当时世界最大的体育场，后历经数次改造成为现柏林奥林匹克体育场。1936年奥运会及“帝国体育场 ”虽因政治因素饱受批评，但却提升了现代奥运设施的建设标准，使奥运会大规模集中建设体育设施成为趋势，现代体育中心开始出现。

之后数次奥运会均有场馆建设，但受战后经济影响，规模程度远不如1936年的柏林奥运会。再一次的大规模集中建设出现在1958～1964年的日本东京奥运周期中。日本政府为1964年奥运会投资了30亿美元巨款，修建了铁路、市政等相关配套设施，兴建了大量体育场馆，这些体育场馆主要分布在3个体育公园内：明治奥林匹克公园、代代木奥林匹克公园和驹泽体育公园。其中明治奥林匹克公园为主要的场馆建筑群，包括奥林匹克体育场、棒球场、游泳池和摔跤馆等。而作为20世纪经典建筑之一的代代木综合体育馆则坐落于代代木奥林匹克公园内，旁边是新闻转播中心，驹泽体育公园内则有驹泽奥林匹克体育馆等场馆设施。东京奥运会的三个体育公园就是三个体育中心。

如同明治奥林匹克公园一样，国外集中的体育场馆和设施较少以“体育中心 ”的名字出现，更多时候以“体育公园”的名字命名。

图 7-1　德国慕尼黑奥林匹克公园

1972 年慕尼黑奥运会，建筑师贝尼斯和奥托设计的慕尼黑奥林匹克体育公园堪称经典（图 7-1），公园选址于当时距市中心 4km 远的一个废弃的机场上，公园内共有 33 个体育场馆以及大型水上运动湖、奥林匹克村和新闻中心。其中主体育场慕尼黑奥林匹克体育场造型别致，由 50 根支柱吊起 7.5 万 m^2 的膜结构屋顶，屋顶覆盖的全是人造有机玻璃，使得观众席上可享受自然阳光，同时给人一种轻盈的空间感，极富想象力。体育场与地形很好的融合，使众多大体量的体育建筑仿佛消失在自然环境中一样。

德国慕尼黑奥林匹克公园的设计突破了以往体育建筑及体育中心的模式，体育建筑不再是孤立的，而是连续成组的；建筑不再是独立于环境之外的，而是与环境融为一体的。

慕尼黑奥林匹克体育公园是国外体育中心建设的又一经典之作。

20 世纪 90 年代初，SASAKI 为克利夫兰门户区做了城市设计方案，其主要是一座篮球馆和一座棒球场及相关配套，并于 1994 年实施建成。克利夫兰门户区体育场馆也可以视为一个体育中心，虽不是一个为奥运会服务的体育中心，却是一个很好的将大尺度的体育建筑融入城市空间中的范例（图 7-2）。

图 7-2　克利夫兰门户区

克利夫兰门户区位于克利夫兰城市中心区的西南，靠近州际高速公路的出口，交通便捷。早在 20 世纪 80 年代，当局就决定在克利夫兰的门户区新建一座 NBA 球馆和一座棒球场，SASAKI 公司通过对基地附近步行 20min 内的城市路网和开敞空间的梳理，局部打通了一些路径联系，并局部新建了一些建筑将公共空间界定，将两座体育场馆很好地融入进城市的肌理中去。

克利夫兰门户区规划通过梳理区域路网和公共空间，将两座体育场馆与附近的城市剧场和购物广场空间有效地连接了起来，填补了原先“失落的空间”，并塑造了一个富有活力的城市门户空间。

克利夫兰门户区体育场馆在建成运营后取得了预期的效果，树立起了门户区良好的形象，加强了与城市其他重要公共场所的联系，有效地带动了城市区域的经济发展，这与该项目从城市设计方案开始便从城市空间入手，充分考虑了与整体城市空间的关系有关，该项目的巨大成功使其成为 20 世纪末美国体育建筑建设的经典模板。

国外体育中心发展至今，不乏与城市空间关系良好的优秀案例，却也有与城市空间“格格不入”的案例。2012 年，扎哈·哈迪德赢得了 2020 年东京奥运会主体育场——日本国家体育场的设计权。当时设计的新国家体育场位于东京市中心公园内，周围还有代代木国立室内综合体育馆、垒球场、橄榄球场等一系列场馆，2012 年的设计还将取代 1964 年奥运会的主体育场的设计，新体育场占地 11hm^2、可容纳 8 万人，建筑最高高度 75m，庞大的体量造成了对城市公共空间的极大压迫，也大大超出原先的投资预算。2013 年 10 月 11 日，伊东丰雄、安藤忠雄、槙文彦、藤本壮介等 30 多位日本知名建筑师发起了一场针对东京 2020 年奥运会主场馆方案的研讨会，集体抵制扎哈·哈迪德原先的设计方案。在舆论压力下，日本政府最终决定让扎哈·哈迪德修改设计方案。

7.2 国内体育中心的建设发展

国内体育中心按其时代背景、建设水平和建设方式，可分为四个阶段：摸索阶段（1949 年之前）、初建阶段（1949 ~ 1978 年）、转型探索阶段（1978 ~ 1992 年）和创新发展阶段（1992 年至今）。

7.2.1 摸索阶段（1949 年之前）

中华人民共和国成立之前，国内的体育中心建设较少，当时并无“体育中心”这一说法，而多以体育场名字来命名，比较知名的有南京中央体育场和上海江湾体育场。南京中央体育场位于南京玄武区孝陵卫南京体育学院内，建于 1931 年，由关颂声和杨廷宝主持设计，是民国时期国内乃至远东最大的体育场。中央体育场各场馆建筑在设计上充分利用地形，与山形地貌巧妙结合。所有建筑的结构都用钢筋混凝土建造。中央体育场内有 6 块主要的体育场地和若干其他场地，分别是田径场、棒球场、篮排球场、游泳池、武术场（当时称“国术场”）和网球场、跑马场、足球场等。每块体育场地均设有看台，整个中央体育场内可容观众 6 万人，有“远东第一”之名。

中央体育场在建筑功能上吸收了西方体育场的先进经验，运动场地及建筑结合山势地形布置，因地制宜，布局合理；同时在建筑风格上均采用传统建筑风格，并适当运用石质材料，因此整组建筑显得敦实大气、典雅协调，也与南京钟山景区的自然环境和其他建筑相协调，它在当时国内建筑界具有重大影响。

20 世纪 90 年代，南京中央体育场被列为南京市文保单位，但之后，中央体育场内多块场地被拆除改造，游泳池改造成了游泳馆，仅剩田径场和武术场较完好地保存了下来。现在，南京中央体育场已成为南京体育学院的一部分。

上海江湾体育中心（当时名为“江湾体育场”）始建于 1933 年，由董大酉主持设计，总占地 20 余 hm^2，由体育场、体育馆和游泳池三部分构成。其中体育场竣工于 1935 年 10 月，并于当年举办了第五届全国运动会。体育场设环形看台，看台高 11m，共两层，总共可容纳观众 4 万人。曾有“远东第一体育场”之称。中华人民共和国成立后，上海市政府拨款对江湾体育场、馆、池进行整修，令其恢复原貌。之后又历经多次扩建，现江湾体育中心占地总共 $35hm^2$，江湾体育场还于 1983 年作为第五届全国运动会的主体育场。

7.2.2 初建阶段（1949 ~ 1978 年）

中华人民共和国成立后，国内体育事业取得了长足的发展，体育建筑的建设也进入了新的阶段，“体育中心”的概念还未被人熟知。一些城市大型的体育场馆作为国家和城市实力的象征，得到了充分的重视和支持。中华人民共和国成立初期的北京职工体育服务中心及上海徐汇体育中心是中华人民共和国成立初期的代表性体育建筑。

图7-3 北京职工体育服务中心

北京职工体育服务中心简称“北京工体”（图7-3），位于北京市朝阳区，东二、三环之间，占地约40hm^2，主要包括北京工人体育场、北京工人体育馆和游泳馆三组建筑，其中工人体育场建成于1959年8月，是中华人民共和国成立后建设的第一个大型体育场，其建筑平面为椭圆形，混凝土框架混合结构，南北长282m，东西宽208m，共24个看台，能容纳观众6万人。1959年10月13日，全国第一届运动会便在此举行，还作为家喻户晓的体育建筑入选中华人民共和国成立10周年大庆时的北京十大建筑。体育场西侧的工人体育馆建成于1961年，圆形平面，建筑面积40200m^2，13000个观众坐席，建筑采用轮辐式双层悬索结构，结构跨度达94m，是中华人民共和国成立后大跨度建筑的经典之作。“工体”以体育场为中轴的布局模式也影响了很多其他体育中心的布局。

北京工人体育场之后历经多次改建与加工，承办了无数大小体育赛事，见证了中国体育事业的发展。工人体育馆也见证了我国乒乓球和篮球的无数精彩比赛，给人们留下了深刻的印象。

这一阶段国内另一个重要的体育中心案例是上海徐汇体育中心（图7-4），早在20世纪50年代，有关部门就已确定上海徐汇体育中心的选址，位于当时市区的西南角，徐汇体育中心属于边缘型体育中心，随着城市发展，其已经成为嵌入型的体育中心。徐汇体育中心占地35.42hm^2，并于20世纪70~90年代先后建成了容纳1.8万个座位的体育馆、4000人游泳馆和8万人的体育场和奥林匹克宾馆等。

图 7-4 上海徐汇体育中心

体育中心的初建阶段处于中华人民共和国成立后改革开放前的历史时期，国内还处于计划经济体制内。这一阶段的体育建筑具有独有的特征：体育场馆建设、维护费用全部来自国家拨款，相关赛后运营相当匮乏，几乎为零；体育场馆用以举办国内各级运动会，赛后大部分时间仅对内部人士开放。此阶段的体育建筑是国家强有力的行政手段的运行产物，是“举国体制”的强力后盾。

7.2.3 转型探索阶段（1978～1992 年）

中华人民共和国成立后很长一段时间体育场馆建筑群还继续以“体育场”的名称为人们所熟知，体育中心的概念还不流行。真正使“体育中心”的概念在全国扩散开的是广州天河体育中心和北京奥林匹克体育中心。20 世纪 80 年代，中国沐浴于改革开放的春风之中，经济发展和体育建筑的建设迎来了一股新的浪潮。广州市为迎接 1987 年的第六届全国运动会，在天河机场的废址上建设天河体育中心，当时此处是一片荒郊之地，除了鲜有人迹的机场废址，就是连片菜地，但天河体育中心的建设，使这里发生了翻天覆地的变化，也彻底改变了广州市的城市空间格局。

天河体育中心（图 7-5）始建于 1984 年 7 月，1987 年 8 月竣工，占地 54.54hm^2，一期建筑面积 12.47 万 m^2，主要场馆有 6 万座的天河体育场、8000 座的体育馆和 3000 座的游泳馆，附属场馆有田径副场、风雨跑道、球类训练馆、新闻中心和设备用房等。三大场馆在建筑设计上独具特色，建筑开敞通透，外露的结构简洁大气，既体现了岭南的气候特色，又彰显了时代气息。

与此同时，大规模的社区建设也在天河体育中心附近进行，六运小区即在此时建成。借助六运会的契机，天河区迅速发展，相关配套设施也不断完善，1988 年火车天河站升级为广州东站，并于 1992 年扩建。这一时期，广州市总体规划决定将主城区向东扩张，许多政策向天河倾斜，天河体育中心附近商圈得到了迅速发展，商务中心、新式住宅小区拔地而起，宾馆、商铺、写字楼和文化娱乐场所等不断增加，多条地铁线在此经过，中信广场、市长大厦、天河城、正佳广场等大型商业设施的落成，使天河体育中心一带区域成为中央商务区和大型繁华商圈，广州 2200 余年来基本未变的城市中轴线第一次转移到天河区，即以天河体育中心长轴为中心。

图 7-5　广州天河体育中心

天河体育中心自身也不断发展，先后相继兴建了棒球场、保龄球馆、门球场、网球场、露天泳池、健美乐苑、树林舞场、露天篮球场、羽毛球场、乒乓球健身活动小区等一系列竞赛及群体活动的场馆和项目设施。2010 年，为了迎接亚运会，天河体育中心完成了最大规模的综合改造，七大场馆，从外观到内部装修焕然一新。

广州天河体育中心是一个以体育赛事为契机，在政府政策支持和引导下，成功带动区域及城区发展的一个成功案例，现在的天河体育中心依然在高楼林立的天河区迸发着勃勃生机，是市民运动休闲的好场所。

1986 年，北京市为迎接 4 年后的第 11 届亚运会，投资兴建了国家奥林匹克体育中心（图 7-6）。奥体中心位于北京北四环中路南侧，总占地 66hm^2，主要建筑有体育场、体育馆和英东游泳馆，其中奥体中心体育场可容纳 18000 座，体育馆 6300 座，游泳馆 6000 座，总建筑面积 10 万 m^2，还有大面积的人工湖面。体育馆屋盖采用双曲面组合的网壳，令人联想到中国古建筑的悬山顶，设计新颖、风格独特，众多体育场馆形成一个建筑序列，宏伟大气。建成后的国家奥林匹克体育中心集聚体育活动、休闲娱乐等功能，成为首都重要的体育基地与公共场所。

图 7-6　国家奥林匹克体育中心

2006 ~ 2008 年，国家奥林匹克体育中心进行了大规模的扩建，体育场增至 36000 座，新建训练馆、兴奋剂检测中心、运动员公寓等一系列建筑，总建筑面积也达到了 22 万 m^2。

改革开放为全国经济建设和体育发展带来了活力，体育建筑也走向了一个新的阶段。1985 年中共中央在《关于进一步发展体育事业的通知》中明确指出“体育场馆要逐步实现企业化和半企业化经营”。同上一阶段相比，国内体育中心的建设、维护仍是依靠财政拨款，费用有限，体育中心的管理及一切事务还是政府管理和操办，造成了效率低下以及分工细化不足的问题。尽管在政策方针上，国家已经开始鼓励对体育场馆的商业化运营，但体育中心的商业运营在此阶段显得举步维艰，体育中心的建设还在转型探索。

7.2.4　创新发展阶段（1992 年至今）

此阶段的开始标志是北京亚运会的成功落幕和 1992 年邓小平发表南方谈话。自 20 世纪 90 年代开始，改革开放取得喜人成就，国内的市场经济逐渐走向成熟，体育中心建设的数量也开始增多，如北京丰台体育中心、宜春体育中心等。2000 年之后，尤其北京奥运会给国内体育中心的建设带来了又一次浪潮，新建的体育中心规模更大，技术更加先进。近期建设的比较知名的体育中心有国家体育场（图 7-7）、南京奥体中心（图 7-8）、深圳湾体育中心等。

图 7-7　国家体育场

图 7-8　南京奥体中心

此阶段建设的国内体育中心无论数量还是质量都较前几阶段有了质的飞跃，1993年国家体委要求体育场馆加速由事业型向经营型转变。1995年国家体委下发了《体育产业纲要》，纲要提出对体育场馆实行企业化管理，同年广州天河体育中心免去1元门票，向广大民众开放。2002年国务院、中共中央下发《中共中央、国务院关于进一步加强和改进新时期体育工作的意见》，提出要“实行管办分离”，进一步促进了体育中心的多元运营和管理。体育场馆也开始逐步摆脱亏损负担，能够实现自给自足。

第8章

社会评价与经验

8.1 社会评价分析

8.1.1 社会效益分析

本项目的建设有利于完善体育比赛训练设施体系，促进广东省及国家体育事业发展；有助于完善深圳市体育比赛训练设施体系，使其具备承接国际、国内大型体育赛事的能力，为广东省及国家体育事业的发展打下良好基础。

有利于改善地方公共体育设施，提高群众身体素质和健康水平，深圳市体育中心积极贯彻执行国家“全民健身计划”，以提高群众身体素质为已任，向全社会开放，为群众提供体育健身场地。项目建成后，将进行全方位的开发利用，除组织举办相应常规性体育赛事活动以外，亦面向市民开放，开展全民健身锻炼和文艺活动，起到扩展群众休闲活动的范围与内涵、提升全民身体素质的作用。

有利于提升城市建设品质，展现良好的城市风貌，深圳市体育中心改造工程的高标准、高质量建设，不仅可以满足相应规格的专项比赛，还可塑造一种高品质的自然和人文环境的协调，形成标志性景观，体现深圳市的城市风貌，对进一步开发城市功能和提高城市综合竞争力等方面将产生正向影响。

有利于改善深圳市投资环境，加快区域开发步伐。深圳市体育中心升级改造工程的建设将极大地完善区域的基础设施水平，为周边的发展带来良好的机遇，周围的开发将随着项目的建成进入快速的发展阶段。

有利于省市产业结构调整及联动发展，推动省市经济的可持续发展，大型国际体育比赛可带动城市建设、高新技术、旅游、传媒、就业等多方面的发展及带来大量潜在的商业机会：1964 年东京奥运会和 1988 年汉城奥运会分别为当时的日本和韩国带来了经济发展良机，成为经济起飞的标志；而 2000 年悉尼奥运会所吸引的上百万游客亦为澳大利亚带来至少 37 亿美元的财富；2008 年的北京奥运会带来体育产业的增加值 1555 亿元。亚洲青年运动会的举办将带来省市旅游、餐饮、电信、交通等众多行业的产业结构调整及联动发展，推动深圳市及广东省经济的可持续发展。

有利于增加当地居民的就业机会，提升收入水平和生活质量，体育产业对应的是可持续的、刚性的社会需求，对增加社会就业机会的贡献较大。1988 年汉城奥运会，为韩国提供了 76 万个就业机会；2000 年悉尼奥运会在开幕之前就已为当地提供了 15 万个就业机会；1995 年亚特兰大奥运会为美国体育产业提供了 230 万个直接就业机会、521 亿美元的收入，以及 2332 万个间接就业机会和 750 亿美元的家庭收入，美国体育产业所支撑的经济活动在产业活动方面超过 4000 亿美元，为美国家庭带来 1270 亿美元的收入（家庭收入增加了 24%），容纳 460 万就业人口（就业人口增加 2%）；2008 年北京奥运会，我国体育产业从业人员达到 317 万人，带来 1555 亿元的增加值，较 2007 年增长 16%，明显快于国内生产总值的增长速度。本工程的实施及赛后的运营将带动项目周边地区的规划发展，提供就业资源和提升居民收入水平，为社会及经济带来活力和生命力，为其后续的发展提供持续、强有力的支撑。

8.1.2　社会影响分析

有利于提升国家省市竞技水平，为国家省市培养后备人才。本项目可为运动员提供配套设施，同时体育馆可承担篮球、排球、手球、羽毛球、乒乓球、室内足球、体操、蹦床、武术、摔跤、柔道、举重、击剑、棋类等十多个体育项目，可为不同的运动员提供训练场所，有利于提高深圳市的整体体育竞技水平，更好地为国家培育多元化后备体育人才。

对不同利益群体的影响，项目的建设是一个大型体育公益建设及满足体育新使用需求的项目。对于该区的各个不同的利益群体，项目的建设都不会带来负面的影响，反而提升了深圳的城市知名度和吸引力，也提高了深圳体育产业的活力和竞争力，提高市民的生活品质。项目的建设会提高从事该项目建设的有关材料商、施工方、运输行业以及建筑用地周边的商业人员的收入，会提高有关项目运营时工作人员的收入。

对地区弱势群体利益的影响，本工程的建设有利于丰富妇女、儿童等弱势群体的文化精神生活和物质生活，对弱势群体提供帮助，提高生活环境的质量，感受社会关爱，从而有利于提高其自强不息的意识和生存竞争能力。

对地区的文化、卫生的影响，本工程建设体现了政府对人民群众体质和健康水平的关怀，提高了地区居民的科学文化水平，激发了深圳市民热爱家园、建设家园的情感，促进了社会主义物质和精神文明建设。另外，该项目污染源少，卫生方面无太大的负面影响。因此，建设该项目对于深圳市的地区文化教育水平、卫生健康和人文环境具有正面影响。可满足项目未来运营时的人流和车流，而不会对交通状态产生很大的压力。项目的建设是符合深圳市城市发展规划的，加快了深圳体育事业现代化建设的步伐（表 8-1）。

建设项目的社会影响分析表　　　　表 8-1

序号	社会因素	影响范围、程度	可能出现的后果	措施建议
1	对居民收入的影响	正面影响，可以提高居民的收入水平，特别对于在周边区域生活、生产或进行商业活动的居民等	建设期间施工场地会对周边居民生活产生一定的负面影响，可能出现噪声、污染等	加强施工期管理，文明施工，妥善处理矛盾
2	对居民生活水平和生活质量的影响	项目建成后会产生较大的正面影响，但建设期间会有一定的负面影响	居民生活水平和质量得到提升	加强项目所在区域基础配套设施建设
3	对居民就业的影响	正面影响，程度较小	提供一定的就业机会	—
4	对不同利益群体的影响	建设期间会提高从事该项目建设的有关材料供应商、施工人员、运输行业等的收入	施工污染物对居民产生一定影响	实施文明施工
5	对弱势群体利益的影响	有一定的正面影响	—	—
6	对地区文化、教育、卫生的影响	对文化、教育产生较大的正面影响	丰富文化生活，提升教育质量水平、人口综合素质	—
7	对地区基础设施、服务容量和城市化进程的影响	对基础设施有一定的负面影响，程度小；有利于城市化进程，帮助大	人流量、车流量变大，增加道路负荷和服务容量	加强有关部门的协商，对建设地区及周边加大基础设施的建设

8.1.3　互适性分析

互适性分析主要是分析预测项目能否为当地的社会环境、人文条件所接纳，以及当地政府、居民支持项目存在与发展的程度，考察项目与当地社会环境的相互适应关系。社会对项目的适应性分析详见表 8-2。

社会对项目的适应性分析　　　　表 8-2

序号	社会因素	相关者	适应程度	可能出现的问题	措施建议
1	不同利益相关者	当地市民	好	收费过高	根据市民收入适当调整收费
		附近居民	较好	施工、运营期间产生噪声等环境污染问题	文明施工、增加环境美化
2	当地组织机构	省发改委和省财政厅	较好	立项、资金	与相关部门协调好各项工作
		省体育局	较好	组织、协调	协调相关部门工作，做好前期准备工作
		具体实施单位（施工、设计、监理等）	较好	质量、投资、进度	做好质量、投资、进度控制工作，加强各项工作的前期检查和后期监督

续表

序号	社会因素	相关者	适应程度	可能出现的问题	措施建议
3	当地技术文化条件	设计	较好	出现各种形式的质量问题	严格按照规范要求设计、施工、监理
		施工	较好		
		监理	较好		
		建筑材料	较好		
		市政配套	较好		

8.1.4　评价结论

本项目的建设有利于完善广东省体育比赛、训练设施体系和加强广东省及全国体育人才的培养，促进广东省和我国体育事业发展；有利于加快广东省体育产业的发展，促进广东省产业结构调整，推动广东省经济的可持续发展；有利于提高当地居民的身体素质和健康水平，提高居民的就业、收入水平和生活质量。项目的建设具有显著的社会效益，必定备受多方的关注和支持。虽然在建设和营运过程中会产生一定的影响，只要措施得当，一定可以将负面影响降到最低，使其正面影响最大化，实现项目建设的最终目的。

8.2　经验总结

深圳市体育中心改造项目工程的建设，极大地提高了深圳市体育设施场地设施品质和利用率，强化了深圳市承办洲际和国际单项比赛的能力，对于扩大社会影响，提高城市档次、城市品位和城市知名度，对促进深圳市的城市建设和发展起到重要作用。

深圳市体育中心改造项目是深圳体育事业发展的需要，本工程的实施体现了深圳市委、市政府对体育工作的高度重视，必将进一步提升深圳市乃至我国的竞技运动水平、国民身体素质和健康水平，促进社会物质文明和精神文明建设，对国家的繁荣昌盛及民族的兴旺发达具有重大而深远的意义。

深圳市体育中心改造项目作为深圳市重点形象工程，总结了以下经验，可供同类型项目借鉴参考：

（1）项目建设规模及投资较大，建设单位严格按照国家有关基建程序部署项目前期工作。

（2）项目招采中，严格贯彻执行《招标投标法》，对项目勘察、设计、施工、监理等环节采取合适的采购方式，选择资质高、信誉好、实力强的单位，确保工程质量。

（3）项目设计中，多听取有关专家的意见和建议，有关论证、设计、施工要紧密配合，对于建设过程中出现的问题，应用科学的方法进行分析、比较、论证。

（4）项目施工中，吸取周边其他项目的建设经验，采用合理、可行、有效的技术手段，确保工程万无一失。在项目设计前期中听取有成功体育运营经验的企业意见，为日后体育产业化发展打下基础。

（5）项目管理中，应做好各项工程的相互协调工作，如给水、供电、电信等各类管线铺设要有计划有协调，防止道路重复开挖等问题，避免不必要的投资浪费，保证工程项目完成后能达到预期目标，使项目能发挥更好的功能和效益。